普通高等教育“十二五”服装类专业基础课程系列规划教材

服饰图案
设计方法与实践

FUSHITUAN
SHEJIFANGFAYUSHIJIAN

主　编 王晓林 栾海龙
副主编 赵　霞 王雪菲
编写人员 金令男 王　琳

西安交通大学出版社
XI'AN JIAOTONG UNIVERSITY PRESS

内容摘要

本书主要介绍了服饰图案的基本概念、特征、构成形式、设计方法、色彩搭配方法、多种工艺表现服饰图案的实践等内容，对于提高服饰图案的认知、学习制作服饰图案的方法起到了一定的积极作用。其中在第五章“多种工艺方法表现服饰图案的实践”部分，重点介绍了热转印工艺、串珠绣工艺、奶油胶工艺等操作过程，将所有制作步骤图文并茂地详细讲解。全书既注重理论的系统性、科学性、条理性，更注重实践的重要性和可操作性，真正做到理论与实践相结合，符合现代艺术设计专业工学结合的实践教学特点。

本书既可以作为高等服装院校、职业院校服装设计专业及相关专业的课程教材，也可以作为服装图案加工制作行业相关人员的参考书籍。

图书在版编目(CIP)数据

服饰图案设计方法与实践/王晓林，栾海龙主编. 一西安：西安交通大学出版社，2015.1
普通高等教育“十二五”服装类专业基础课程系列规划教材
ISBN 978-7-5605-6963-5

Ⅰ.①服… Ⅱ.①王…②栾… Ⅲ.①服饰图案-图案设计-高等学校-教材 Ⅳ.①TS941.2

中国版本图书馆 CIP 数据核字(2014)第 307340 号

书　　名　服饰图案设计方法与实践
主　　编　王晓林　栾海龙
责任编辑　袁　娟

出版发行　西安交通大学出版社
　　　　　(西安市兴庆南路 10 号　邮政编码 710049)
网　　址　http://www.xjtupress.com
电　　话　(029)82668357　82667874(发行中心)
　　　　　(029)82668315　82669096(总编办)
传　　真　(029)82668280
印　　刷　陕西思维印务有限公司

开　　本　787mm×1092mm　1/16　**印张** 9.5　**字数** 228 千字
版次印次　2015 年 3 月第 1 版　2015 年 3 月第 1 次印刷
书　　号　ISBN 978-7-5605-6963-5/TS·7
定　　价　45.00 元

读者购书、书店添货，如发现印装质量问题，请与本社发行中心联系、调换。
订购热线：(029)82665248　(029)82665249
投稿热线：(029)82668133　(029)82665375
读者信箱：xj_rwjg@126.com

为了适应新形势下我国服装专业教育教学改革的需要，改变现有服装设计课堂教学中理论讲授所占比例过多、实践操作所占比例较少的情况，为给学生提供直接有效的服饰图案设计方法和实践操作指导，也为引发学生在服饰图案方面的自主学习能力，我们编写了本书。

本书将重点放在服饰图案的具体设计方法与实践操作环节。内容安排方面考虑到各高校的实际情况，尤其是制作设备、制作工艺及学生能力等诸多方面的因素，将重点内容放在热转印工艺制作图案的过程、串珠绣工艺制作图案的过程、拼布工艺制作图案的过程、仿真奶油胶工艺制作图案的过程等几部分。另外，为指导学生自主学习，本书还在具体章节中把服饰图案设计方法，比如素材搜集方法、素材整理方法、配色训练方法等一系列内容作了详细阐述。

考虑到本书的适用性、实用性及应用的广泛性，我们邀请了众多有丰富教学经验的教师参与编写工作。大连艺术学院王晓林，大连工业大学栾海龙、王雪菲，大连医科大学赵霞作为主要完成人负责全书大部分章节的编写工作；大连艺术职业学院金令男、王琳参与了本书部分内容的编写工作。本书还选用了大连艺术学院部分学生的作业。在此向所有参与本书编写的人员表示感谢。

由于撰写时间仓促，个人的学识有限，书中难免有疏漏之处，恳请广大读者斧正，我们将不断改进、提高。

编　者

2015 年 1 月

目录

CONTENTS

第一篇　方法篇

第二篇　实践篇

第一篇

方法篇

FANGFAPIAN

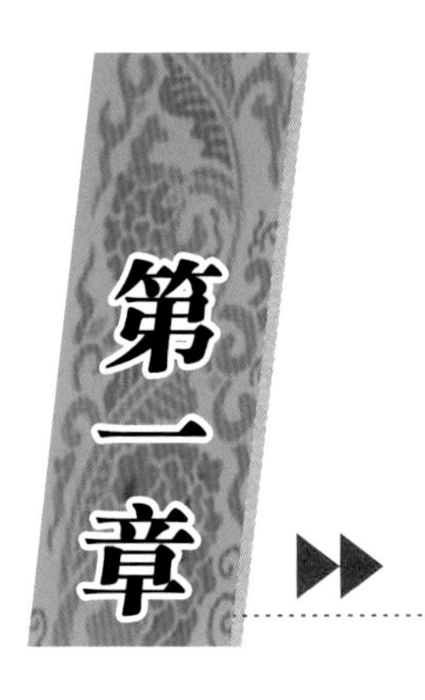

第一章 服饰图案概述

FUSHITUANGAISHU

学习目标 了解什么是服饰图案及其分类。

重点及难点 深入理解服饰图案的实践意义。

第一节 服饰图案的概念及特征

一、服饰图案的概念

（一）服饰

服饰有狭义和广义之分。从狭义上讲，服饰是指衣服上的装饰（如图案、纽扣等）及饰物（如腰带、胸针等），或除包裹躯体的上衣下裳之外的冠帽、鞋履、首饰等。从广义上讲服饰是指人类穿戴、装扮自身的一种生活行为，如服饰文化、服饰史。服饰所包含的内容非常广泛，如图1-1中是中国传统服饰香包、手镯、鞋垫，上面用刺绣和镶嵌等工艺表现了各种图案，这些图案为服饰增添了美感的同时也为作品增添了艺术价值。

图1-1　中国传统服饰

(二)图案

图案有“模样”、“样式”、“设计图”等含义。图案具有装饰性与实用性，是与工艺制作相结合、相统一的一种艺术形式。图案有两层含意：广义指对某种器物的造型结构、色彩及图形构成的设想，并依据材料要求、制作要求、实用功能、审美要求所创作的设计方案；狭义上指器物上的装饰图形。如图 1－2A 是中国古代玉虎佩（春秋），图 1－2B 是三龙壁形玉佩（战国），图 1－2C是透雕双龙出廓玉佩（西汉），图 1－2D 是彩银压胜钱（清）。作品上的图案在当时是统治阶级身份的象征，同时也给人以艺术美的享受，这足以说明图案的装饰性与实用性；而作品用上乘的材料、精美的工艺、抽象概括的图案设计语言，以点、线、面综合的图案构成形式将虎形纹和龙形纹的形态饱满生动地呈现出来，这也充分印证了工艺在图案设计与制作过程中的作用。

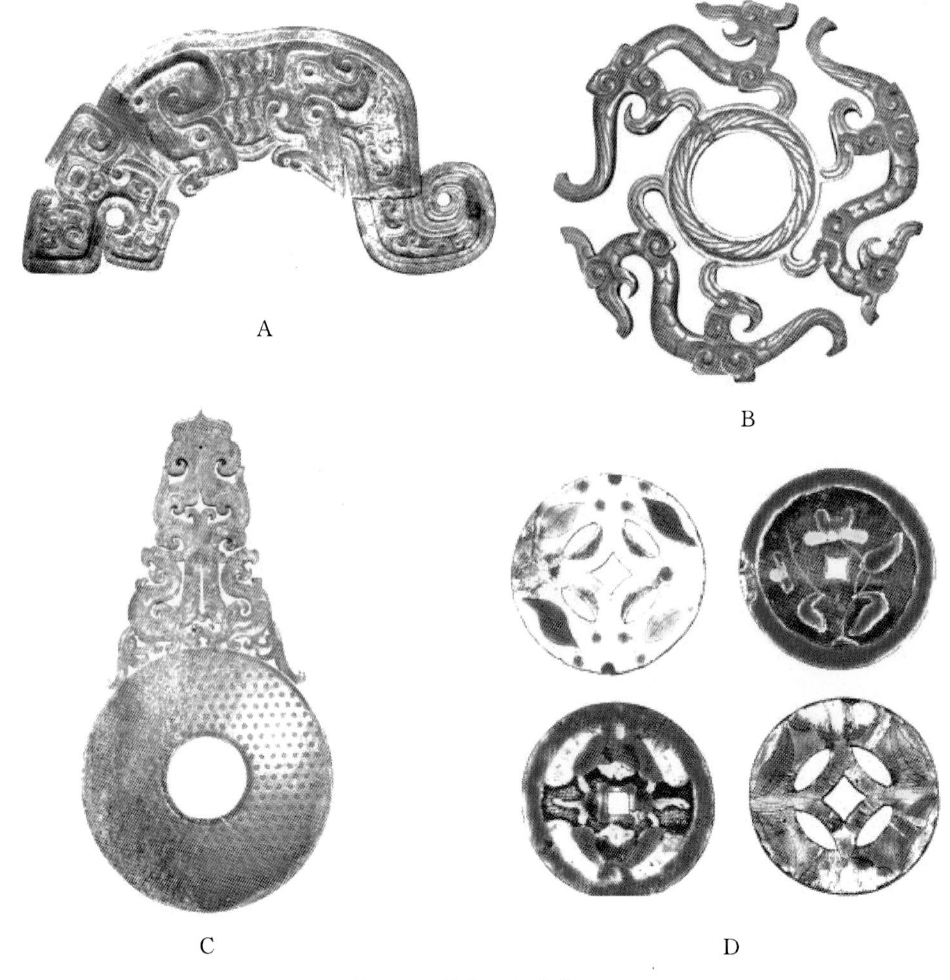

图 1－2　器物上的装饰图形

(三)服饰图案

服饰图案是服装及其附件、配件本身和其上的装饰。它是具有一定图案规律，经过抽象、变化等方法而规则化、定型化的装饰图形纹样。它的内容不仅指衣、裙、裤上的装饰图案，还包括鞋、袜、帽、包袋等饰品上的装饰图案。如图 1－3 中所展示的中国传统服饰，其中的图案种类繁多、工艺精美、寓意吉祥。随着服饰文化的发展，服饰不仅有遮体保暖等基本需要，还具有更深层意义的社会性和文化性，服饰可以向他人传达个人社会地位、职业、角色等个性特征。尤其是经济文化高速发达的 21 世纪，世界顶级的服装品牌更是把服饰文化作为一种艺术表现，服饰被作为一种艺术品呈现在大众眼前。如图 1－4A 中的服装，主要表现一种休闲浪漫的生活态度，而图 1－4B 中的服装已经完全超越了服装本身的功能作用，更多地是展现优雅、高贵的艺术气质。这种艺术性已经超越了实用性，更多表现的是服饰文化的精神和审美内涵，在这当中图案起到了不可忽视的作用。

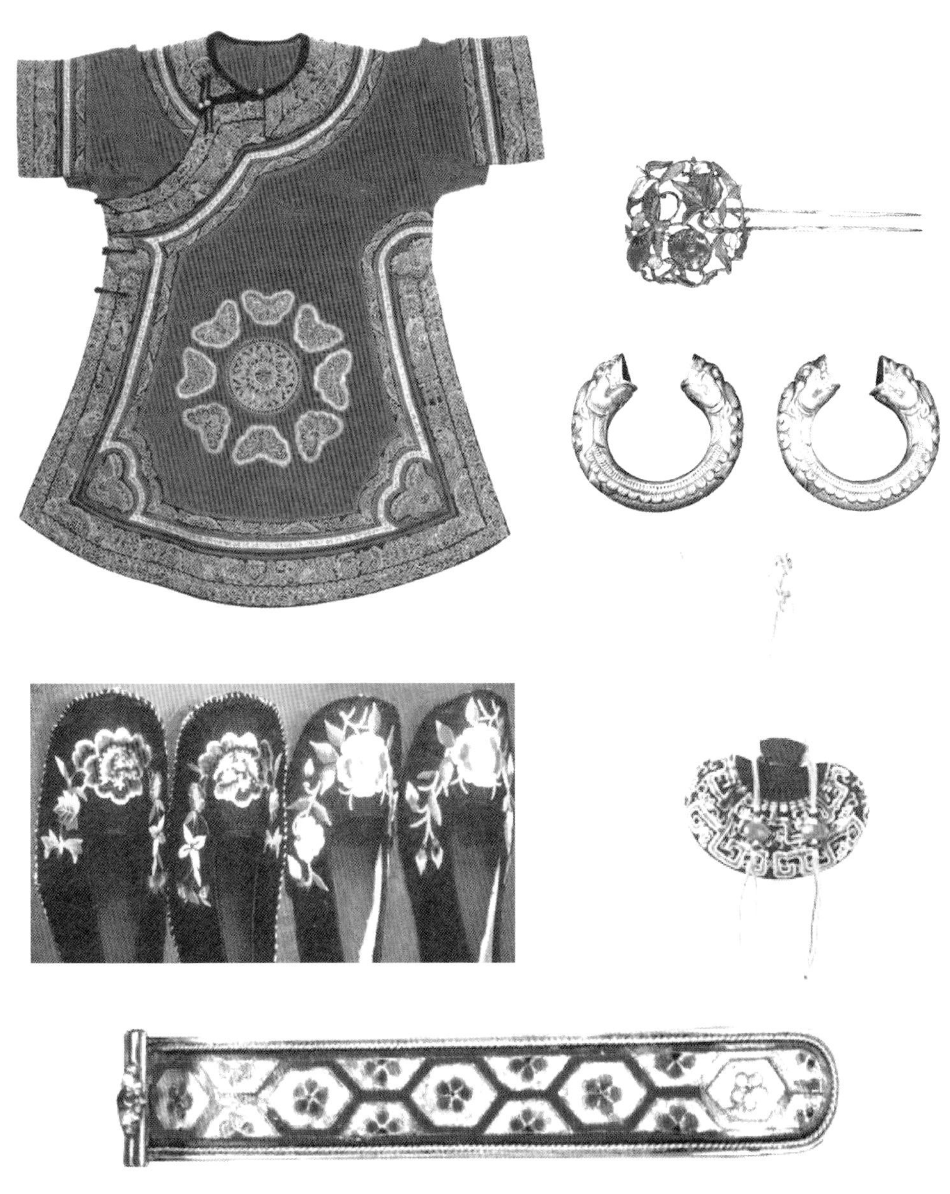

图 1－3　中国传统服饰中的图案

A

B

图 1-4 服饰的艺术表现

二、服饰图案的特征

服饰与其他实用艺术一样，其实体具有物质和精神的双重作用，既有实用功能，又具有审美价值。服饰图案虽然属于意识形态的范畴，也是一定的社会生活在人们头脑中反映的产物，但在大多数情况下，它的意识体现在人们喜闻乐见的、新颖的、带有地域特征的、充满生命力的、具有文化气息和时代气息的主题和艺术形式上。因此，在探究服饰图案特性的问题时，主要从以下几个方面来阐述。

（一）工艺性与实用性

工艺性指的是服饰图案的产生虽然是在纸上设计，而最终是在服饰上通过不同工艺实现的。因而，在设计时必须考虑工艺的特性和制约，使图案与工艺完美结合。工艺制作对于图案设计虽然有时是一种制约，但是工艺制作还可以对设计起到充实和发展的作用，它往往能超越设计的纸面出现意想不到的效果。扎染色彩形成的随机效果，是染料渗透程度不同而产生的。串珠绣的光感和肌理表现是通过不同质地的珠子表现出来的。这些效果不是画出来的，而是制作工艺的特点形成的。

实用性指的是服饰图案必须依附于某种具体的服饰形体或某些部位来反映其实用性。图案素材的选择、装饰的部位、表现手法和表现形式都要根据款式的特点和服用对象的实际需要而定。图 1-5 中图案分别依附于服装的领子、包、前襟和裙子上，工艺方面则分别运用了珠片钉缝工艺、烫钻工艺和刺绣工艺。

图 1－5 服饰的工艺性与实用性

（二）艺术性和装饰性

艺术性指的是人们常常追求服饰漂亮，而服饰图案恰恰能满足这一要求，这就是服饰图案艺术性即审美性的体现；装饰性是指服饰图案以艺术加工和修饰的手法、精美的加工工艺，最终达到美化人体的作用。如图 1－6 所示。

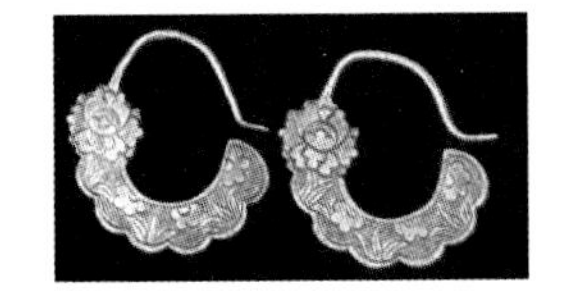

图 1－6 服饰的艺术性和装饰性

（三）物质性和精神性

服饰图案的物质性源于它是服装或配饰的一部分，而人的自然属性决定了服装形态，也为其上的装饰图案提出了具体的物质性限定。从精神性方面看，服饰的图案与服饰一起穿在了人的身上，成为人的一部分，它们也就与穿着者一样具有了社会属性。

（四）从属性和适合性

服饰图案的从属性指的是图案不能单独存在，而是必须附着在服装或饰品上的属性；适合性指的是图案的形状和材质需依照服装或饰品的具体部位和材质来具体选定的属性。如图1－7所示。

图1－7　服饰的从属性和适合性

第二节 服饰图案的分类及实践意义

一、服饰图案的分类

服饰图案可以从构成空间、构成形式及工艺和素材等方面进行分类。

(一)按构成空间关系分类

服饰图案按照构成空间可分为平面图案和立体图案。平面指在平面物体上所表现的各种装饰,效果是平面形,如服装及配饰所用面料上的花纹图案等,包括匹料和件料的装饰设计均属于此类。服饰面料的装饰虽然呈平面形,但在构思和设计时,都要考虑到立体即穿着效果。如图 1-8A 所示。

立体装饰是指服饰上的装饰具有立体效果。如利用面料制成的褶皱、褶裥、立体花、立体纹饰、蝴蝶结、纽扣装饰等。此外,鞋、帽、纽扣、腰带、戒指、项链、手镯、耳环等物件的造型和装饰也有立体感,形成了丰富的图案效果。如图 1-8B 所示。

A

B

图 1-8 服饰的平面图案和立体装饰

(二)按构成形式分类

按构成形式分类,服饰图案又可分为独立式图案、连续式图案(二方连续与四方连续)两大类。

独立式图案又分为单独式和适形式。单独式可在服饰中自由应用，是比较活泼的一种形式，如图 1－9A；适形式则受一定外形的限制，如图 1－9B 所示。

连续式图案有二方连续和四方连续之分，前者多用于服装的边缘部位，如图 1－9C；后者是纺织品面料装饰的主要形式，如图 1－9D 所示。

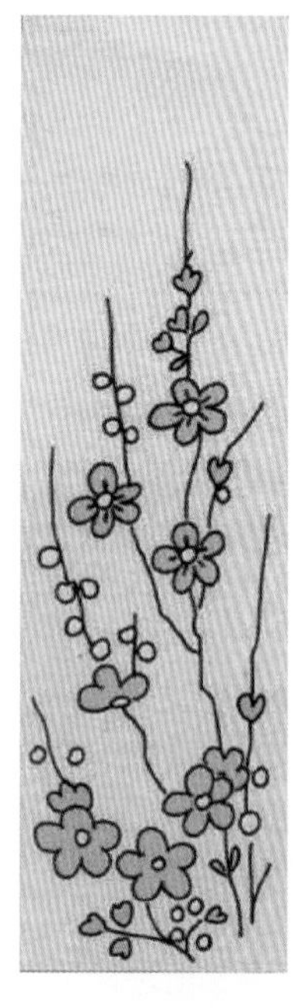

A 单独式图案

B 适形式图案

C 二方连续式图案

D 四方连续图案

图 1－9　不同构成形式的服饰图案

(三)按工艺分类

按工艺分类,服饰图案可分为印染图案、编结图案、镶拼图案、刺绣图案、镂空图案、由服装制作工艺形成的图案和饰物点缀图案等。如图 1-10 所示。

由于不同工艺有各自的特点,往往形成不同的效果。服饰图案风格的形成同工艺制作有直接的关系,各类工艺过程都有自身的特点和规律性,因此,只有发挥工艺的不同特点才能令服饰图案风格丰富多变。

图 1-10 不同工艺的服饰图案

(四)按素材分类

服饰图案按素材不同可以分为人物图案、风景图案、花卉图案、植物图案、动物图案、抽象图案、传统图案等。不同的素材用途不同,以适应各种服饰的需要。如图 1-11 所示。

图 1-11　不同素材的服饰图案

二、服饰图案的实践意义

(一)服饰图案体现美与文化

图案是按照美的规律构成的图形纹样,对服饰有起着装饰美化的重要作用,如图 1-12 所示。服饰图案历来是创造服装和服饰艺术价值的重要手段,服饰图案的艺术表现和装饰作用往往能直接表现那一时期的艺术水准。比如,在我国明清时期,宫廷服饰上的图案在历代的服饰中可谓是艺术水准最高、手工艺最复杂的,图案作为凸显服饰的华美也是最突出的证明。

图 1－12　服饰图案体现的美与文化

（二）服饰图案的设计意义

图案作为服饰中重要的造型元素是形成服饰风格不可缺少的重要手段之一。不同图案的内容、形式、表现手法，加上工艺与材料的综合运用，营造出或精致而古典、或粗犷而现代，使服饰风格因图案的不同而产生千变万化的效果，是表现设计师个性、区别各民族间文化与审美差异，甚至是时代标记的重要因素。如图 1－13 所示。

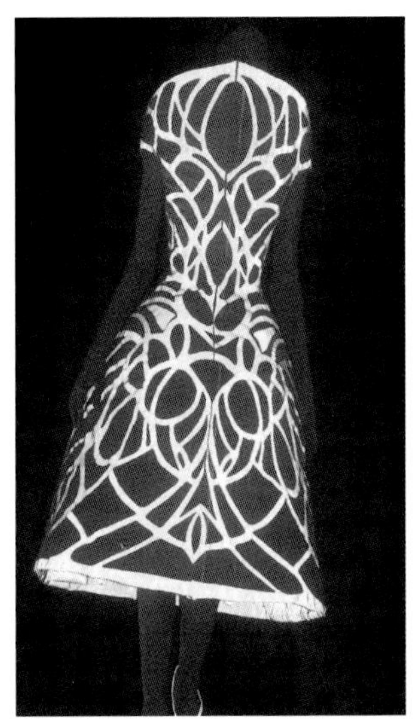

图 1－13　几种不同的服饰图案

第三节　服饰图案的构成要素

服饰图案设计中，点、线、面仍然是一切造型元素的基础，掌握好点、线、面的特征才能在设计中灵活运用创作出好的作品。

一、点

点是一切形态的基础。在相对较大的对比形态中，任何较小的形态都可以看作为点，反之则为面。点的形状分为规律性和非规律性两种。规律形状是几何的圆形、三角形、方形、梯形等；而非规律形状可以是鹅卵石、水滴、树叶等不规则形状。

单位面积越小，点的特性就越强，点的位置、大小、疏密、排列顺序、明暗的不同，给人的视觉和心理感受也不同。例如，多点有秩序的排列会带来稳定感、平静感、运动感、节奏感，如图1－14所示；而无序的排列会带来散漫、不稳定感。大点会有扩张感，小点有收缩、聚拢、琐碎感等，如图1－14中点的虚实对比就是点收缩、聚拢的具体表现。而点在服饰设计中其特点依然存在，如图1－15所示。

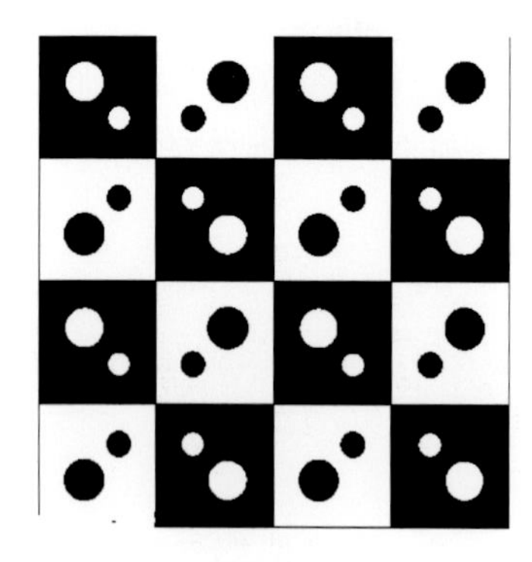

点的相对性

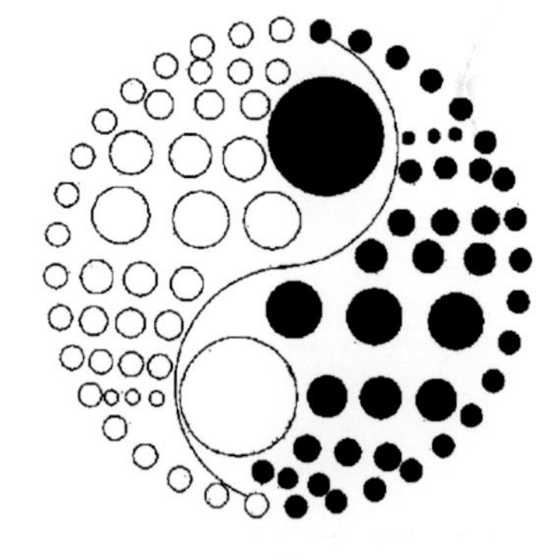

点的虚实对比

点的运动感及节奏感

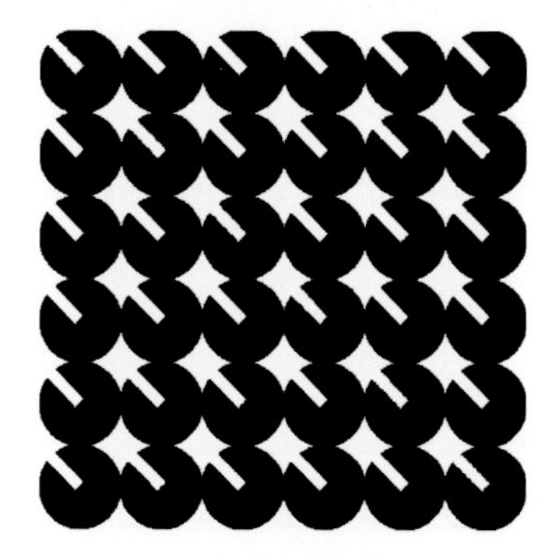

点的平稳感

图1－14　服饰中点的变化

图 1-15　点在服饰中的应用

二、线

线是由点运动形成的，是点的延伸与扩展，具有明确的方向性。线可分为直线和曲线两种。直线可分为水平线、垂直线、斜线和折线，具有很强的方向感。曲线可分为几何曲线和自由曲线，有一定的韵律感和动感。

线的长短、粗细、疏密、质感和虚实不同，所表现出的视觉和心理感受也会不同。例如水平线给人平静、稳定感，垂直线给人上升、下降、严肃、挺拔感，如图 1-16A；斜线给人飞跃、下滑、运动、速度感，如图 1-16B；折线给人起伏、转折、动荡感，如图 1-16C；几何曲线给人韵律、秩序、规则、理智感，如图 1-17A；自由曲线给人自由、活泼、不稳定、隐藏无限可能性之感，如图 1-17B。长线给人有延续、速度感，短线给人有急促、断续感；粗线给人有厚重、强壮、迟缓感，如图 1-16C，细线给人纤弱、轻巧感，如图 1-17B；实线给人真实、稳重、突出感，虚线给人若隐若现、神秘感。

线按用途分为三种，即：①造型线，用于形象造型，在图案设计中运用最多；②压边线，在图案上勾勒轮廓，起到美化作用；③界路线，用于分界主次、色彩等区域。图 1-18 是线在服饰图案设计中的应用。

A

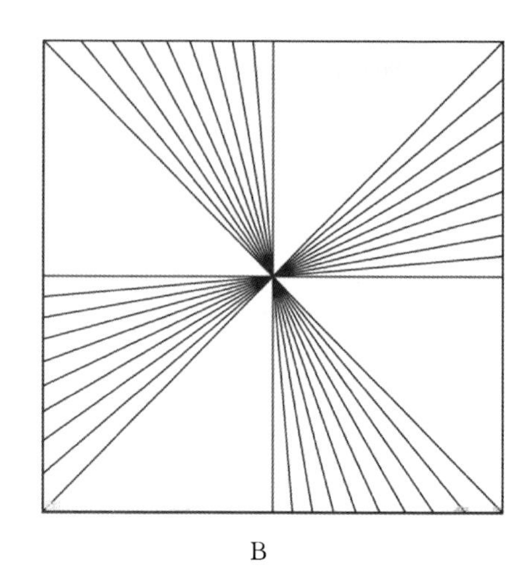

B

C

图 1-16　直线的表现形式

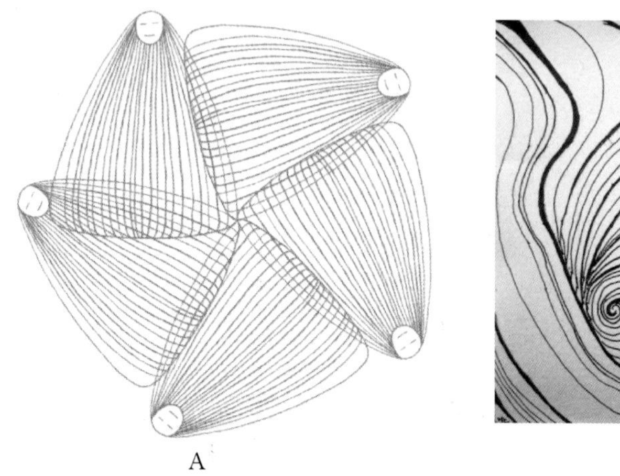

A

B

图 1-17　曲线的表现形式

图 1-18 线在服饰图案中的应用

三、面

面是具备了点和线的特征，当线的起点与终点汇合在一起时，线就消失了，成为了面，面是二维空间最复杂的构成元素。面分为几何形、自由形、偶然形和有机形。几何形包括方形的面、圆形的面等，具有柔软、平滑感。直线构成的面（方形的面、菱形的面等）简洁、安定、井然有序，有男性性格的感觉。自由形的面具有活泼、随意、生动之感，有女性性格的感觉。偶然形不受主观意识的控制，具有自然、偶然、独特、惊奇感。有机形是赋予生命的物体形象，如树叶、鹅卵石等，具有自然、生命、弹性感。如图 1－19 所示。

几何面

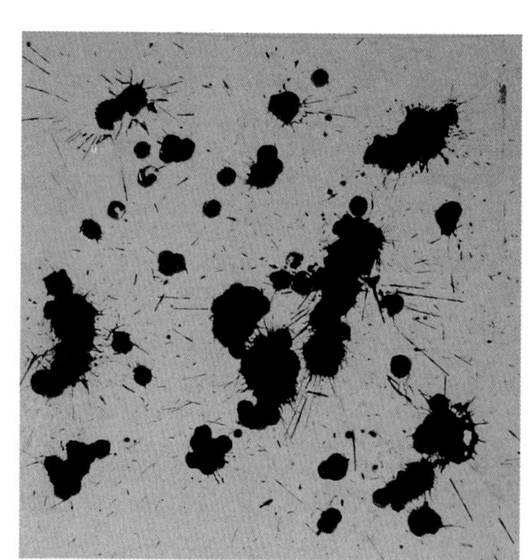

偶然面

有机面

自由面

图 1－19　面的几种形态

四、图案的综合构成

点、线、面是图案设计的基本造型元素，它们的相互结合、相互作用，使得图案更加丰富。

图 1-20 中舞者胸针、丝巾及鞋子上的图案就是点线面综合构成在服饰上的典型应用。

图 1-20　点线面综合构成在服饰上的应用

作业与思考

1. 谈谈图案的特征。
2. 搜集服饰图案资料，分析并整理成册，将图片进行分类。
3. 根据搜集的资料分析其构成形式，并用文字标注出来。

第二章 服饰图案造型设计方法

FUSHITUANZAOXINGSHEJIFANGFA

学习目标　1. 了解服饰图案素材来源的搜集和整理过程及方法。

2. 掌握服饰图案造型的设计方法并能进行设计。

重点及难点　掌握服饰图案造型设计的要点及其应用。

第一节　服饰图案造型素材的来源及整理

一、素材来源

图案造型设计的素材来源于生活，而大自然为我们提供了极其丰富的创作素材，这些素材千姿百态、姹紫嫣红，属于自然形态。而图案的造型来源于对自然形态的客观再现，即对自然形态的搜集和整理，图案形态的造型表现，是建立在自然形态基础之上的抽象化表现，是抽象形态的形成。

（一）来源于花卉

花卉是由花、叶、梗和茎几部分组成，图案塑造的重点是花、叶和姿态，如图 2－1 所示。花卉的叶子有椭圆形、羽状、心脏形、狭长形等；花冠的形状有的呈筒状，有的呈球状，有的呈蝶形；花卉的姿态大部分都是倾斜状，也有下垂状，姿态运用到图案上就是构图。

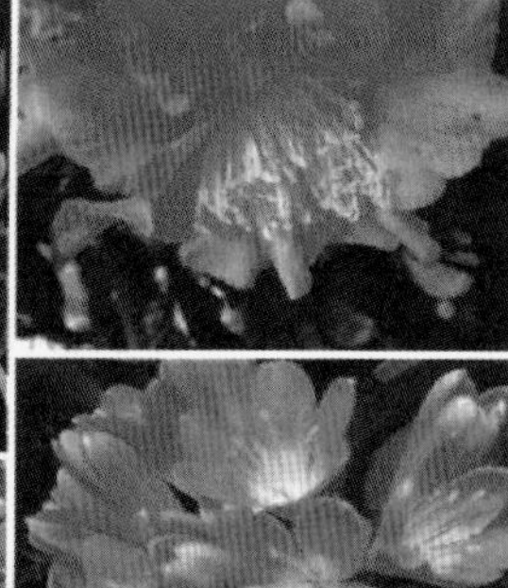

图 2－1　花卉

(二)来源于动物

动物图案塑造的重点是体型、比例、动态和神态,如图 2-2 所示。他们在奔跑、飞翔、跳跃、游动以及坐卧等活动中表现出天真、活泼、伶俐、威武、温顺、警觉等神态,而抓住这些神态特征恰恰是创作动物图案的重点。

图 2-2 动物

(三)来源于景物

景物的形态包括近景、中景、远景。不同景物题材的基本特征各不相同,如亭台楼阁的宁静秩序,山川河流的任意辽阔,不同风土人情民居的古老结构和残韵……这些特征都是风景图案造型的依据,如图 2-3 所示。

图 2-3 景物

(四)来源于人物

人物的形态包括头部、躯干、四肢,不同人物的衣服配饰、表情神态、动作状态各不相同,如稚嫩的孩童,成熟的绅士,优雅的妇人,沧桑的老者……不同的人带给我们不同的感受,这些也正是人物图案造型的依据,如图 2-4 所示。

图 2－4　人物

二、素材整理

整理素材的过程并不是无条件的全面保留，只有对搜集的素材进行多角度分析、归类，不断探讨其与服饰结合的可能性，才能从中产生创意的灵感。把搜集起来的素材按适合对象不同分别设计应用。

设计服饰图案时需要注意的是，不同图案要适合不同应用对象的形状、位置、大小、风格、主题等的设计需要，在外形、线条、形式美规律等的处理上要突出物象的本质特征，这样才能达到较好的效果。

从素材中提炼造型的过程主要是由写生的方法完成。写生过程中设计者运用点、线、面等变化符号将素材进行归纳，使形象秩序化、条理化，同时要抓住素材的典型特点适度夸张，使原有形象特征更加鲜明、生动、典型，成为图案的视觉中心和精彩之处。图案最终定稿时，有时会出现单一的素材所形成的图案不能很好地表现设计意图的情况，针对这种情况，我们还可以采集多种不同的素材形象来重新组织画面，使图案最终达到丰富多变的效果。

第二节　服饰图案造型设计方法

服饰图案造型的设计方法，即图案形象塑造的手法，这是图案造型表现的中心内容。图案造型的方法多种多样，常见的有以下几种。

一、归纳设计法

归纳设计法是通过归纳再现事物的真实状态，只做平面化、概括化处理，不进行主观夸张变形。归纳的方法一般原型都来源于自然形态，比如真实的花草树木、飞禽走兽、山川河流等等。

自然形态是生动丰富的，但往往又是杂乱的，所以要求我们对原始生活素材进行概括、提炼和筛选。抓住所要表现事物的主要结构和特征，把最具有表现力的典型部分整理描绘出来，对次要的、模糊的、边缘化的自然形态予以删减，并最终使形象符合图案所特有的视觉形式，即平面化、秩序化，这个过程如图 2－5 所示。

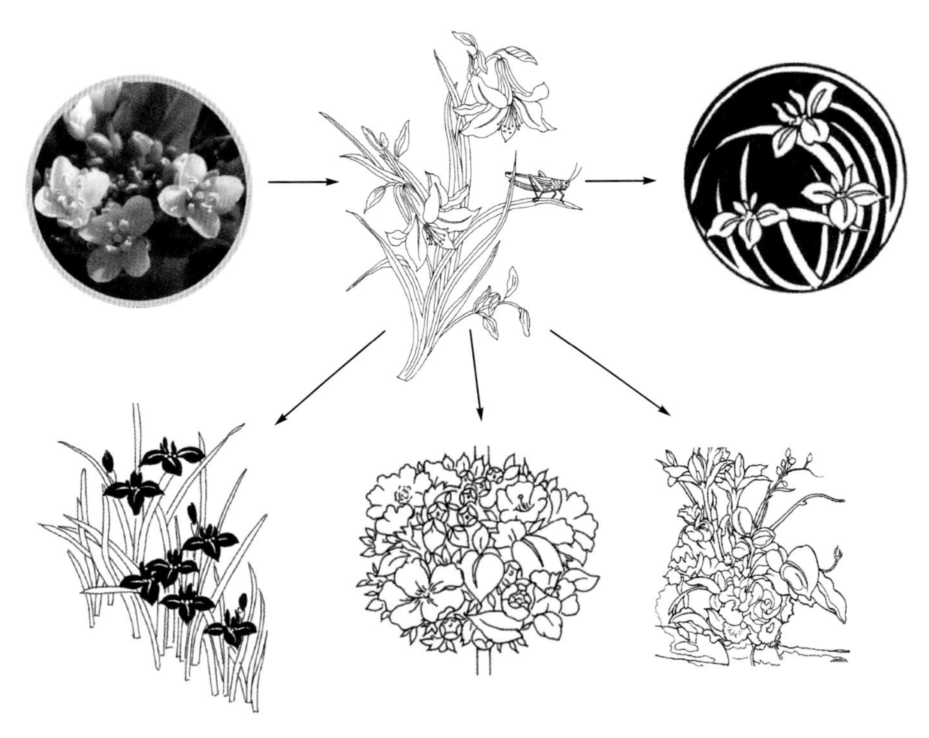

图 2－5　自然形态的归纳设计

因素材来源不同图案的样式也千变万化，如图 2－6 所示，图案中有以花卉为素材的，以动物为素材的，以景物为素材的，以这些素材设计出的图案形式种类繁多。

图 2－6　不同素材来源的图案形式

二、夸张设计法

夸张的设计手法是在概括与简化的基础上对表现对象的“形”和“神”加以夸张处理。夸张设计的具体办法有：夸张比例关系、透视关系、长短比例、多少比例、大小比例等。夸张设计法打破客观对象的整体性、合理性，不受原本形态的局限，更注重主观感情的宣泄与表达，如图2－7所示。

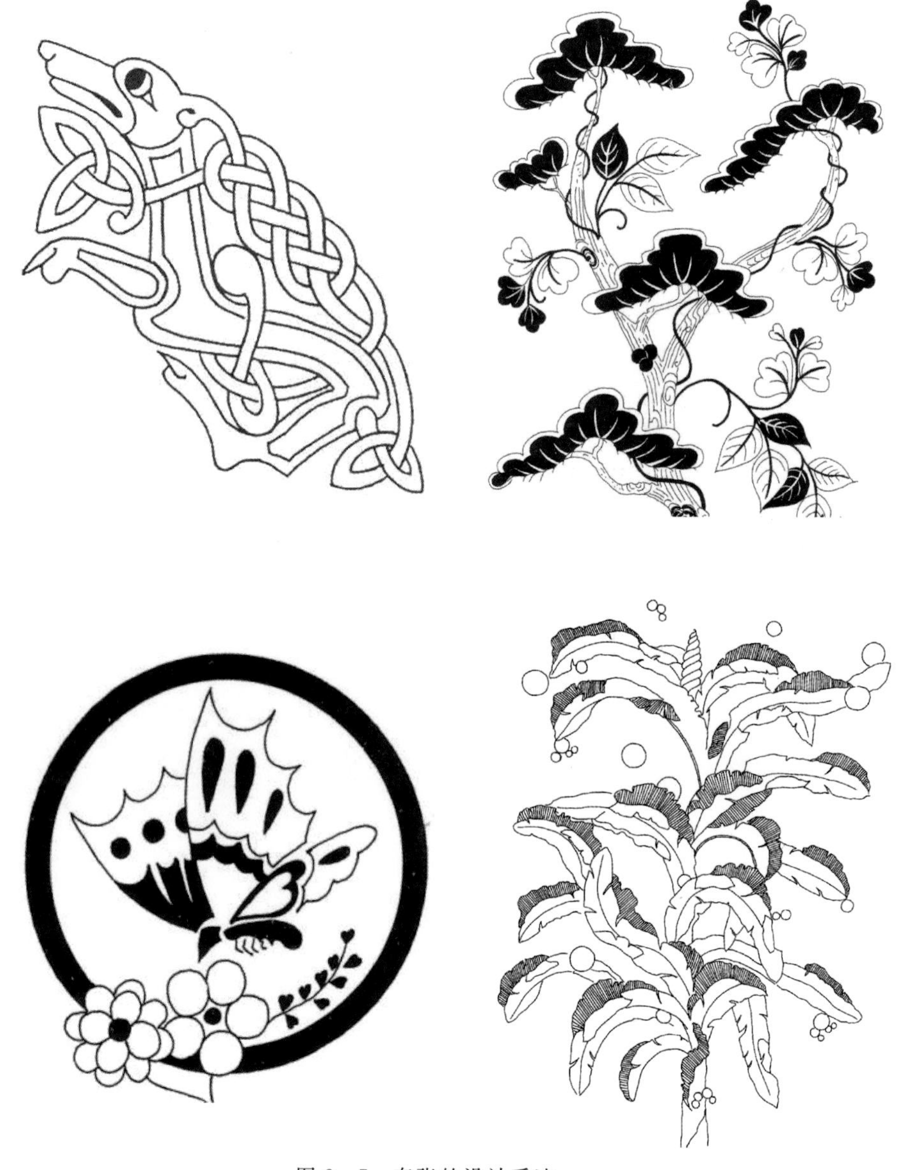

图2－7　夸张的设计手法

三、采集重构法

采集重构法可以理解为采集不同题材的形象内容重新组织画面。这种手法的图案形象一般都是夸张变形的，只是在重新构成的形式上有所不同，可以归纳为以下三种形式。

（一）添加式

以一种素材装饰在另一种素材上称为添加，就是在简化后的造型结构内部，用其他形式的纹理加以装饰，以丰富画面的肌理效果，如图 2-8 所示。

图 2-8　添加式采集重购

（二）综合式

综合式是将多种不同题材的内容结合起来，形成一个有机的结合体，即一种新的形象。也可以把不同时间、不同空间的形象和素材组织于一幅画中。比如不在同一季节出现的瓜果蔬菜，蔬菜与其他果实的根茎组合，不同的四季景物相聚一堂等等。如图 2-9 所示，画面中的人物形象与景物形象、动物形象组织在一起，采用同形异物的形式，构成一幅抽象怪异的画面。

（三）分解组合式

分解组合式是将某一素材的外形和内容结构分解后，重新组合图案形象，重新确立主题。分解组合可以将对象的纹理结构按其自然形态分为若干区域，再将几个区域的部位加以调整，重新组合成一个完美的形象。

其实，这是一种启迪构思的方法，在创作中，完全可以突破整体分解和部分分解再重新组合的方法。如图 2-10 所示，将人物面部形象分解成两个部分后再重新用在头部位置。

图 2－9　综合式采集重构

图 2－10　分解组合式采集重构

作业与思考

1. 搜集自然形态作为设计素材(人物、景物、动物等),为图案设计做准备。

2. 分别用抽象法、夸张法(以搜集的素材为灵感)做图案造型设计。

要求:画出大量草稿,分别挑选出 2 张做出正稿,黑白表现。

画面规格:20cm×20cm。

3. 除了书中介绍的几种搜集方法,你还有哪些方法可以用来做素材的搜集和整理?

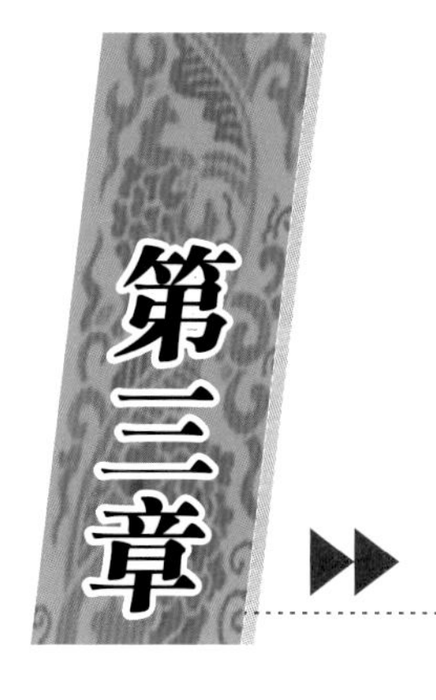

第三章 服饰图案的构成形式

FUSHITUANDEGOUCHENGXINGSHI

学习目标 了解独立式与连续式构成形式的分类及其设计要点。

重点及难点 掌握独立式与连续式构成形式的设计要点及在服饰中的应用。

图案的构成是与一定的使用目的相结合的，是采用一定的原材料，通过一定的生产工艺来体现的。因此，构成的形式取决于装饰的目的、内容、对象、部位及材料的性能、工艺制作的条件等。所以，不同的装饰内容和用途，应采取不同的装饰形式。

第一节 独立式图案的构成形式

一、独立式图案构成的分类

独立式图案是相对比较独立的装饰纹样单位，按照装饰部位和用途的不同又分为单独式、适合式与角隅式。

（一）单独式

单独式构成可以分为对称式和均衡式。

对称式可分为上下对称、左右对称、相对对称、重叠对称、相背对称等；均衡式分相对式、相背式、交叉形式等。如图 3 - 1 所示。

（二）适形式

适合纹样是指适合一定外形制约的组织纹样。组织结构一般是以一个或几个完整的形象，装饰在一个预先确定好的外形内，使纹样自然巧妙地适合于形体，因此特别注意构图研究、造型完美和布局均匀。

适形式的外部形状可划分为圆形、半圆形、方形、三角形、扇形、正五边形、六边形、八边形等。如图 3 - 2 所示。

另外，适形式还可以对称式的形式表现，可分为向心式、旋转式、离心式、转换式、直立式、均衡式等。如图 3 - 3 所示。

（三）角隅式

角隅式纹样指依附于服装、器物等物品边缘的角部纹样。按角度大小分为锐角、钝角、直角式等。按顶角变化分为直角、圆角、缺角式等，如图 3－4 所示。按角边变化分为凹边、边同、边异式等。

对称式

均衡式

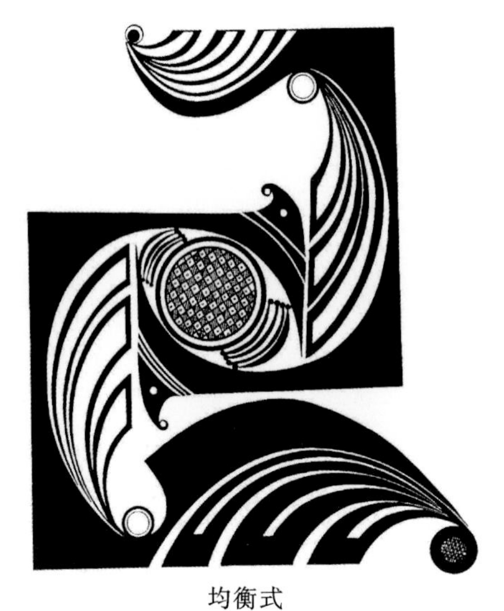

均衡式

对称式

图 3－1　单独式构成

方形

圆形

三角形

半圆形

扇形

图 3-2 适形式构成

图 3-3　以对称形式表现的适形式图案

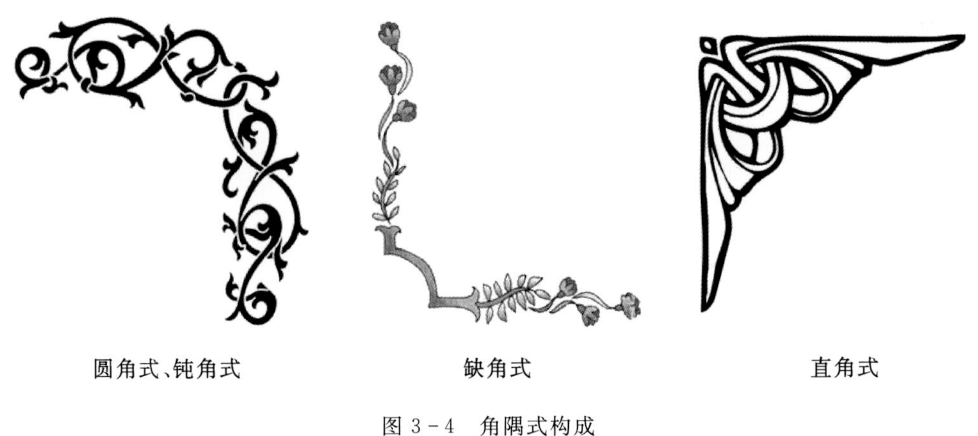

图 3-4　角隅式构成

二、独立式图案在服饰设计中的运用

单独纹样是图案中最基本的设计单位，在设计时要求造型规整大方，整体饱满，线条流畅灵活，强调变化与统一的关系，一般在服装上作为点缀或妆饰。如图 3-5 所示。

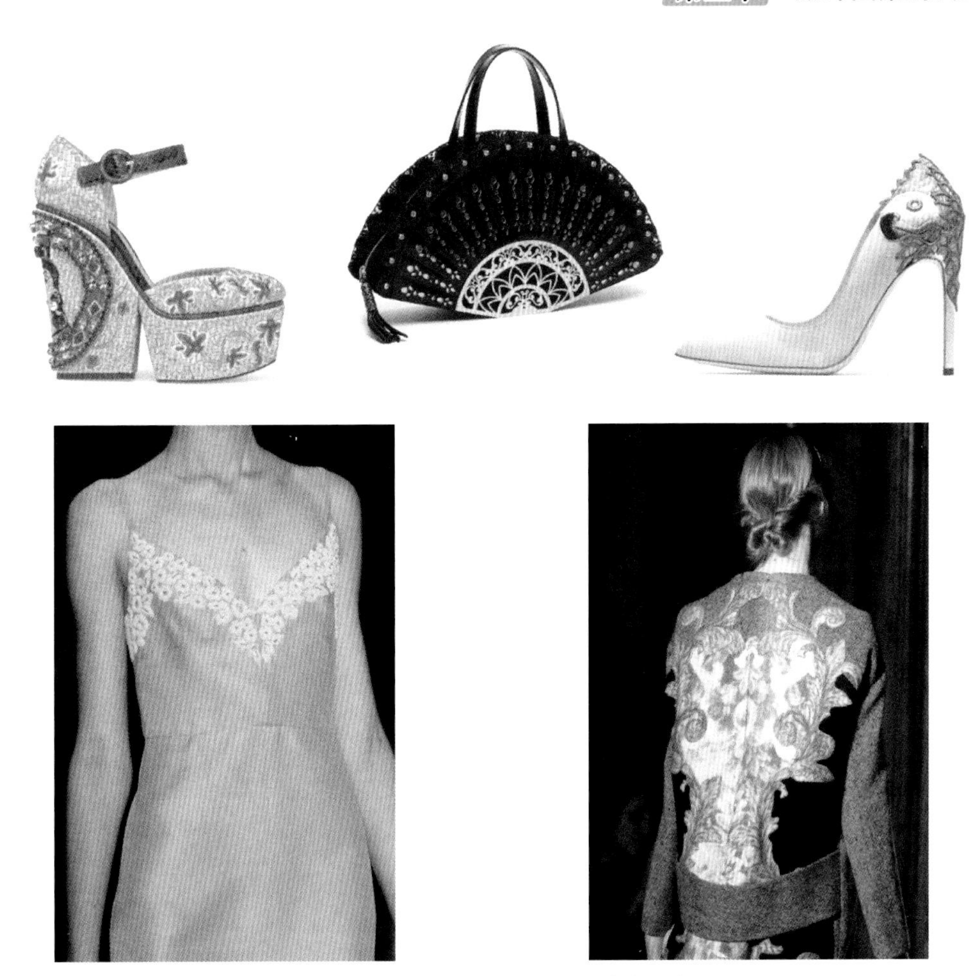

图 3－5 独立式图案在服饰设计中的应用

第二节 二方连续纹样的构成形式

连续式纹样是以一个或几个单独纹样为单位，按照一定的规律连续排列所构成。连续式纹样具有连续性与延展性，可分为二方连续和四方连续。本节重点介绍二方连续，第三节重点介绍四方连续。

一、二方连续纹样构成的分类

二方连续是由一个或几个基本纹样向上、下或左、右两个方向连续排列所形成，二方连续的排法又分为直立式、波纹式、倾斜式、折线式、散点式、综合式。如图 3－6 所示。

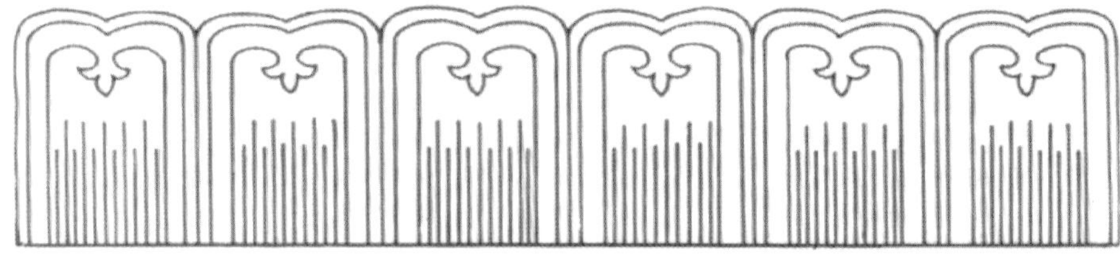

直立式

倾斜式

综合式

波纹式

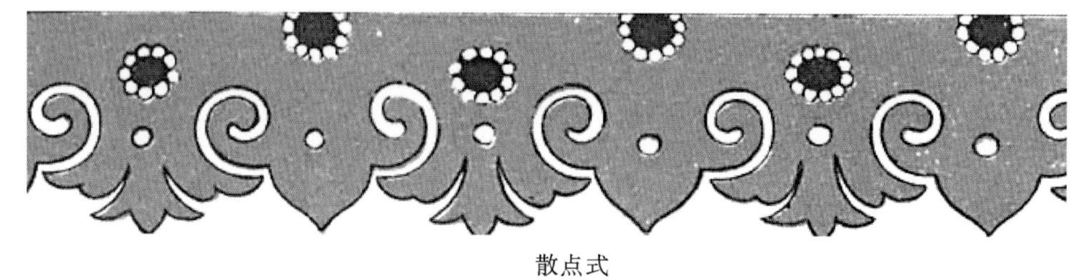

散点式

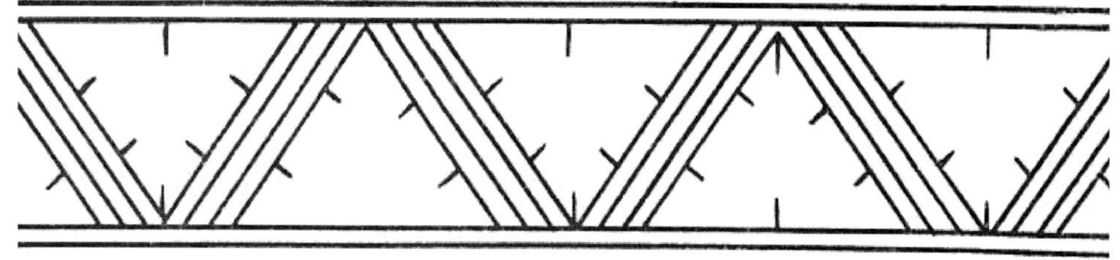

折线式

图 3－6　二方连续纹样构成

二、二方连续的设计要点

（一）整体感

二方连续图案既要优美又要有穿插连续之感，整体生动有序。

（二）节奏感和韵律感

二方连续图案的组织结构要有节奏感和韵律感。线条的疏密、起伏、排列和色彩的变化等，都能产生不同的节奏和韵律。

（三）变化丰富

在设计二方连续图案时要注意力求在图案的方向和层次上变化多样。同一单位纹样可以正倒、正反、高低等不同排列；不同骨骼式可以重叠，达到层次多变的效果。

（四）连接点的设计

单位纹样连接点即两个纹样的衔接处，往往会出现新的纹样，其视觉效果应该完整、严谨、优美，构思时要周密考虑以免破坏整体感。

（五）方向的设计

纹样的方向应符合人的视野习惯，如景物不宜倒置，尽量避免能引起人视觉疲劳的图案。

三、二方连续纹样在服饰设计中的运用

一般来说，服饰设计中二方连续图案有三种形式，即横式二方连续、纵式二方连续和斜式二方连续。二方连续纹样在服饰设计中的运用如图 3－7 所示。

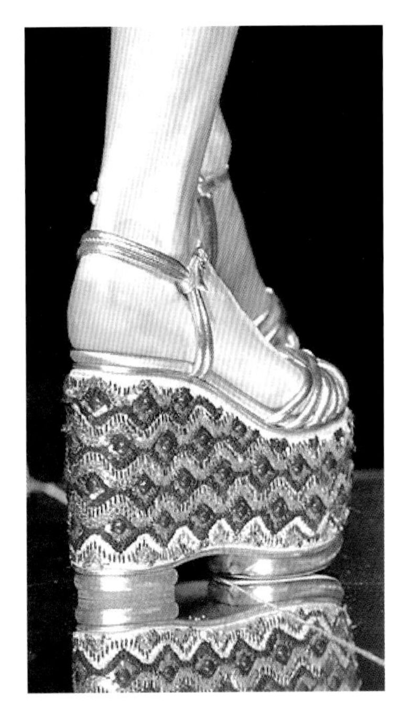

图 3－7(1)　二方连续纹样在服饰设计中的运用

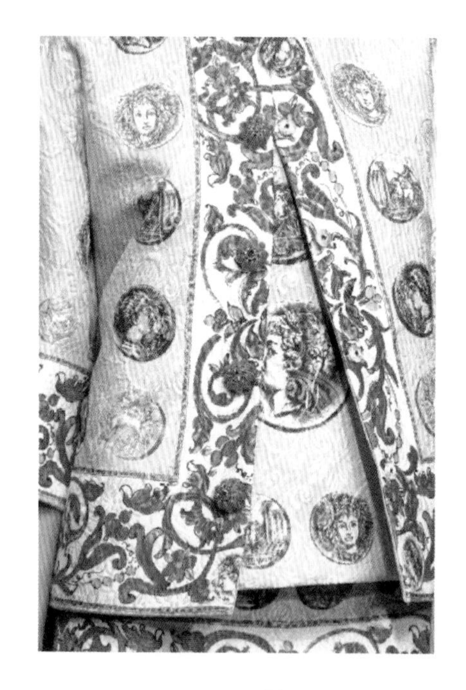

图 3-7(2) 二方连续纹样在服饰设计中的运用

第三节 四方连续纹样的构成形式

四方连续是由一个或几个纹样为单位,向上、下、左、右四个方向连续排列而成的图案形式,排列方法可分为散点式、连缀式和重叠式。连接方法按照对角线开刀法有平接和错接两种。其中散点式分为规则和非规则散点式,连缀式分为梯形连缀、波形连缀和菱形连缀,重叠式分为平接重叠和错接重叠式。如图 3-8 至图 3-10 所示。

一、四方连续纹样构成的分类

四方连续纹样构成的主要形式有三种,即散点式、连缀式、重叠式。

(一)散点式

以一个或几个装饰元素组成基本单位纹样,分散式点状排列,形成散点式四方连续。散点式四方连续的纹样之间不直接连在一起。图案清晰明快,主题突出,节奏感强。如图 3-8 所示。

规则散点式

不规则散点式

图 3-8 散点式构成

(二)连缀式

以一个或几个装饰元素组成基本单位纹样，排列时纹样相互连接或穿插，构成连缀式四方连续。特点是连续性较强，具有浓厚的装饰效果。具体连接方式还分为菱形式、波纹式、阶梯式。如图 3-9 所示。

菱形连缀　　梯形连缀　　波形连缀

图 3-9 连缀式构成

(三)重叠式

重叠式四方连续指用两种以上不同的纹样重叠形成的多层次四方连续。一般是在一种纹样上重叠另外一种纹样。如图 3-10 所示。

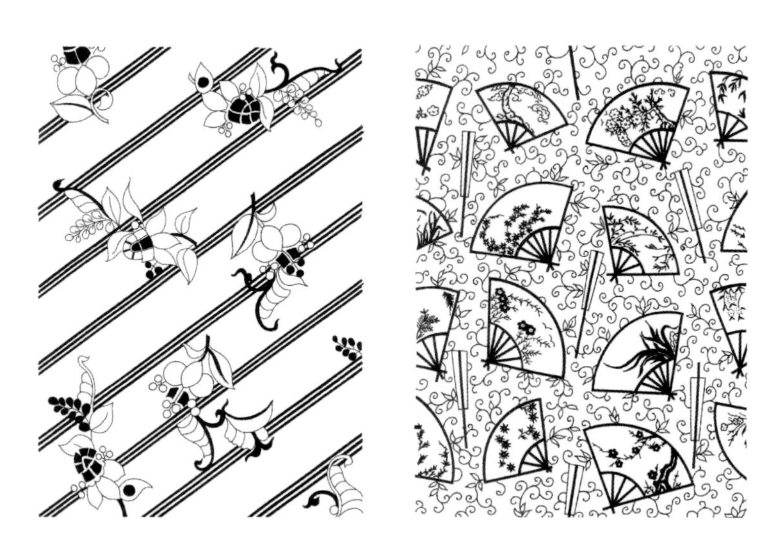

图 3-10 重叠式构成

二、四方连续的连接方法

(一)平行衔接

平行衔接指运用一个或几个装饰元素组成的基本单位纹样，在一定的空间范围内，上下左右四个方向对齐进行反复排列的连续形式。

(二)错位衔接

错位衔接指运用一个或几个装饰元素组成的基本单位纹样，在一定空间范围内上下左右以二分之一、三分之一或五分之二处相错连接。如图 3-11 所示。

平行衔接

图 3-11(1) 四方连续的连接方法

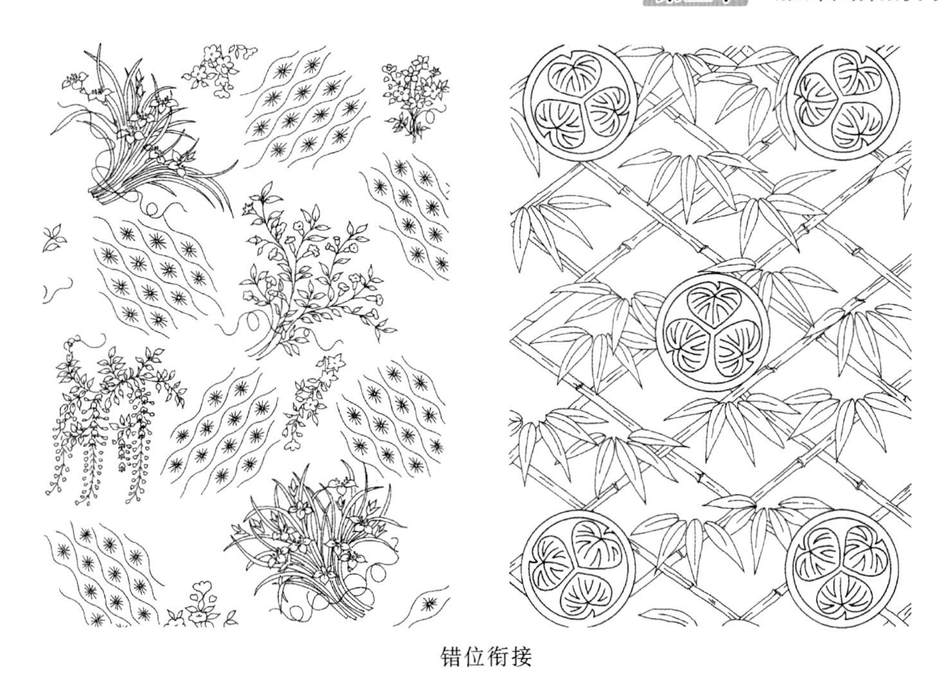

错位衔接

图 3－11(2) 四方连续的连接方法

三、四方连续的设计要点

各类纺织物上的织花、提花、印花、轧花等大多属于四方连续。在设计中既要考虑到单位纹样的造型严谨，更应注意连续后的整体艺术效果。

另外，在设计中要注意纹样的方向变化。一般除专用衣料外，为裁剪制作之便，多采用无定向性纹样设计。

四、四方连续纹样在服饰设计中的运用

图 3－12 四方连续纹样在服饰设计中的运用

第四节　群合式纹样的构成形式

一、群合式纹样构成的分类

群合式纹样是多个相同、相近或不同的纹样自由组合成图案，具有灵活、无规律的特点。群合式纹样可分为带状群合与面状群合。

带状群合为向上、下或左、右两个方向延展所形成的呈带状图案。面状群合是向上、下、左、右四个方向延展所形成的呈面状图案。如图 3－13 所示。

带状群合

面状群合

图 3－13　群合纹样构成

二、群合纹样的设计要点及其在服饰设计中的运用

群合纹样组合时应注意元素的统一性和协调对比性，加强层次感和疏密的变化。群合式纹样灵活自由，充分彰显个性与律动，一般多用于服装整体纹样的装饰。如图 3－14 所示。

作业与思考

以花卉、动物、人物为主题设计一幅二方连续纹样、一幅四方连续纹样。

要求：画多个草稿，从中挑选 1 个画正稿；用点、线、面作为二方连续和四方连续纹样的构成要素表达主题；黑白表现。

规格：20cm×20cm，8 开纸构图。

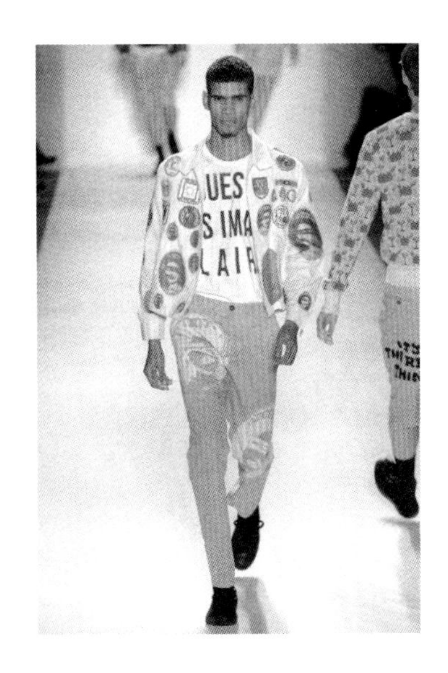

图 3－14　群合纹样在服饰设计中的运用

第四章 服饰图案的色彩

FUSHITUANDESECAI

学习目标 了解服饰图案色彩的提取过程和色彩的配合。

重点及难点 掌握服饰图案色彩的配色方法和实践。

以形、色、质三大构成要素的图案设计中，色彩元素是最为丰富、醒目的。色彩的特性和组合方式对图案的整体设计具有强烈的影响力，因此把握和运用好色彩的设计规律是服装图案设计的关键。

第一节 服饰色彩的基本特征

一、服饰色彩与心理

色彩心理透过视觉开始，从知觉、感情而到记忆、思想、意志、象征等，其反应与变化是极为复杂的。

（一）色彩的冷暖与轻重

色彩具有冷、暖、中性之分，例如橙色为暖极色，蓝色为冷极色。暖色（红、橙、黄色）给人温暖感，可以联想到秋季、太阳、火焰等；冷色（蓝色）给人冰冷的感觉，可以联想到冬季、海洋、天空等；中性色的绿、紫色比暖色稍冷，但又比冷色稍暖，给人和平感；高明度、高纯度的颜色和暖色具有轻盈感，低明度、低纯度和冷色具有沉重感。

（二）色彩的膨胀与收缩

高明度、高纯度、暖色都具有膨胀感；低明度、低纯度、冷色都具有收缩感。比如同等大小的圆，因其明度和纯度或冷暖不同则视觉上产生的大小就不同。

（三）色彩的前进与后退

在所有的色彩中波长最长为红色，最短为紫色。因其受波长短的影响，红、橙等暖色、纯色，面积大的颜色具有前进感。蓝、紫等冷色、暗色和面积小的颜色具有后退感。

（四）色彩的华丽与质朴

高明度、高纯度、对比强的颜色具有华丽感；低明度、低纯度、对比弱的颜色具有质朴感。

（五）色彩的静与动

高明度、高纯度、暖色具有跳跃感，给人朝气、活泼感，因此运动装都运用彩色；低明度、低纯度、冷色具有沉静感，给人严肃、庄重之感，因此面试时尽可能穿着蓝色，会给人稳重信任感。

二、服饰色彩的表情

色彩具有积极和消极的方面，有正能量就会有负能量，具有不同的象征意义。红色的正能量表现为热情、活力、喜悦等，负能量表现为冲动、暴躁等。橙色的正能量表现为温馨、轻快、富饶、具有食欲感等，负能量表现为嫉妒等。黄色的正能量表现为智慧、活泼、快乐、光明、丰收等，负能量表现为背叛、野心等。绿色正能量表现为和平、希望、健康、舒适、自然、安全，负能量表现为阴暗、恐怖、凄凉等。蓝色正能量表现为稳重、信任、平静、博大、真理、永恒等，负能量表现为忧郁等。紫色正能量表现为神秘、浪漫、高贵、权威、信仰，同时也是王侯贵族色，负能量表现为压迫、变态、阴险等。黑色正能量表现为神秘、寂静、庄严、气势，也是最具有无限可能发展性的颜色，可以与任何一个颜色搭配；负能量表现为压抑、悲哀、罪恶等。白色正能量表现为清纯、洁白、纯真、明快、浪漫，负能量表现为恐怖、悲哀等。灰色正能量表现为温和、平凡、谦让，是最具高雅的颜色；负能量表现为中庸、无助等。

三、服饰色彩的实用价值

色彩在人的日常生活中占据很重要一部分，不同颜色可以传达出不同的情感，在服饰图案的运用中表现得尤为突出。不同职业、工作环境、场合、年龄、身份地位都有着不同的着装颜色，体现出其实用性。如医护人员服装色彩温馨、安全，学生校服朴素大方，警服色彩醒目跳跃，运动登山服色彩醒目活泼，这些色彩的运用具有了保护和标志性的作用。

不同的场合着装及环境颜色也不同，如婚庆会运用红色、紫色或绿色，表现喜庆、浪漫、清新之感，丧事则会用黑白色，表现素雅、悲哀之感。

不同身份的着装色彩，如：紫色被称为王侯贵族色，只有贵族才可以穿着的颜色；中国古代只有皇帝才能穿着黄色。这些都是身份的象征。

不同年龄的着装色彩，儿童的服装颜色多为鲜艳的色彩，表现其活泼、好动、可爱之感，老人的着装色彩会朴素一些。随着近几年的色彩和款式的流行趋势变化，老人的服装色彩也趋于年轻化。

第二节 服饰图案色彩的提取与配合

一、从素材中提取色彩

从素材中提取色彩的方法很多，我们这里把最为简单常用的办法介绍给大家。首先选择与设计主题、设计风格相关的灵感图片，然后分析图片的色彩基调，判断其是否符合设计主题需要，如果所选灵感图符合设计需要，则以此图为依据从中提取配色方案。提取配色方案的具体做法是用计算机辅助软件（Photoshop）将图片中不同部位的色彩用吸管工具选取出来，做

成一系列色块图，这个系列色块就是服饰图案色彩搭配的重要参考，整个过程如图 4－1、4－2 所示。

图 4－1　提取配色方案

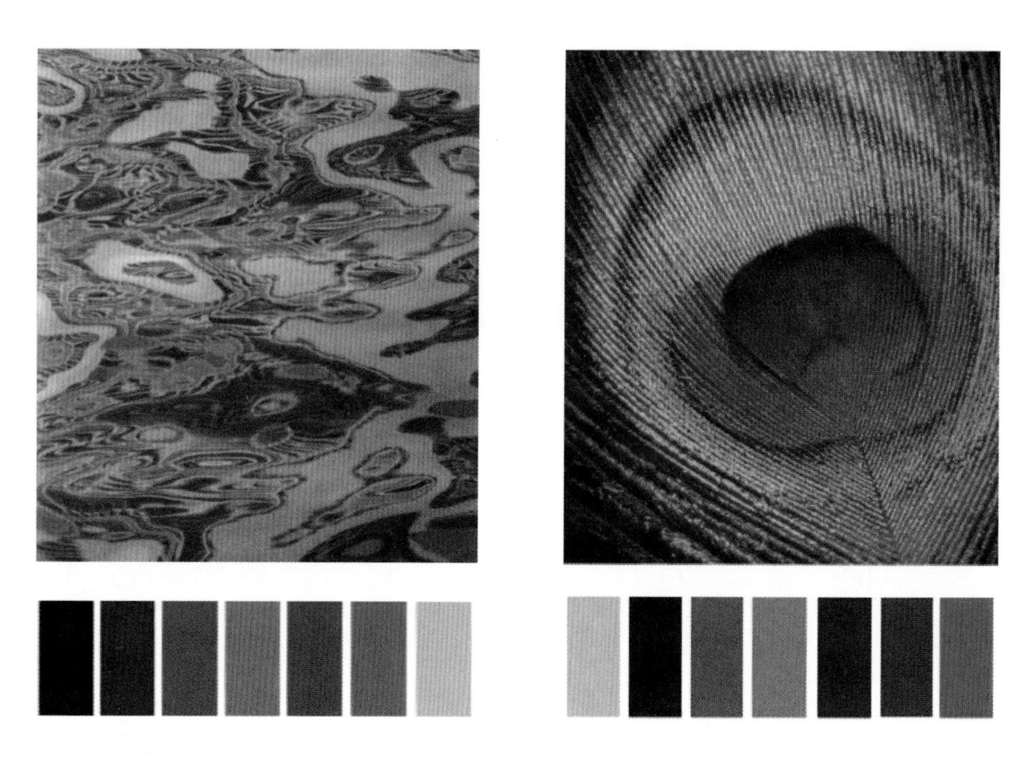

图 4－2(1)　色彩的提取

图 4-2(2) 色彩的提取

二、服饰图案色彩的配合

(一)服饰图案的对比与调和

不同的色彩组合在一起时,因其形状、面积、位置等不同会产生对比调和的效果。

1. 调和

所谓的调和,指图案在色相、明度、纯度这三方面的某一方面或两方面起决定意义的色彩调和,具体调和可分为色相调和、明度调和、纯度调和。调和的色调会给人一种视觉和心理上的和谐、柔美和安逸感。如图 4-3 所示。

色相调和

明度调和

纯度调和

图 4-3 调和

2. 对比

对比包括了色相对比、明度对比、纯度对比、冷暖对比、补色对比、面积对比等。对比会给人带来视觉上的冲击力，无论使用何种对比，都要注意色彩面积的比例分配。如图 4-4 所示。

色相对比

纯度相比

冷暖对比

明度对比

图 4-4(1)　对比

面积对比

图 4-4(2) 对比

(二)服饰图案的色调组织

服饰图案的色调是画面整体的色彩倾向，就像乐曲中有主旋律一样，此色调的运用要能够突出主体花纹，简练的色彩再加以各种表现手法能使得图案更加的丰富。从光源色、环境色与固有色的相互关系中把握色调，表现色调；以同类色、类似色为主组织色彩，构成色调；运用对比色组织色彩，运用色彩的对比、呼应和均衡的方法，构成色调；用色块面积的大小适当变化组织色彩，构成色调。如图 4-5 所示。

同类色

对比色

色块面积大小对比

图 4-5 色调

(三)色彩搭配设计

(1)黑白灰设计：只用黑、白、灰进行设计。如图 4-6 所示。

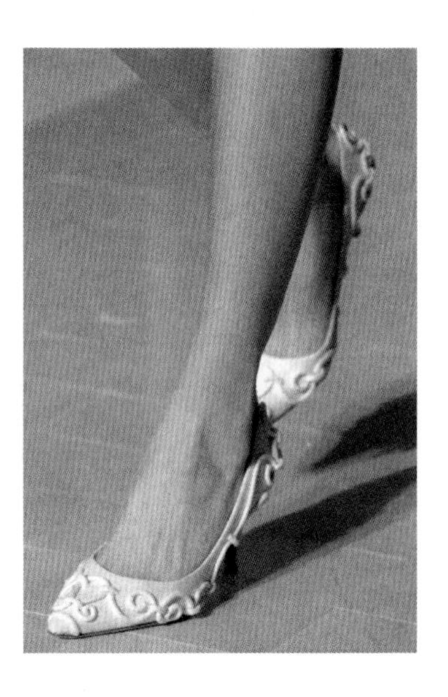

图 4-6　无彩色设计

(2)单色设计：把一个颜色和它任一的明暗色配合起来的设计。如图 4-7 所示。

图 4-7　单色设计

(3)分裂补色设计:把一个颜色和它的补色及任一边的颜色组合起来的设计。如图 4－8 所示。

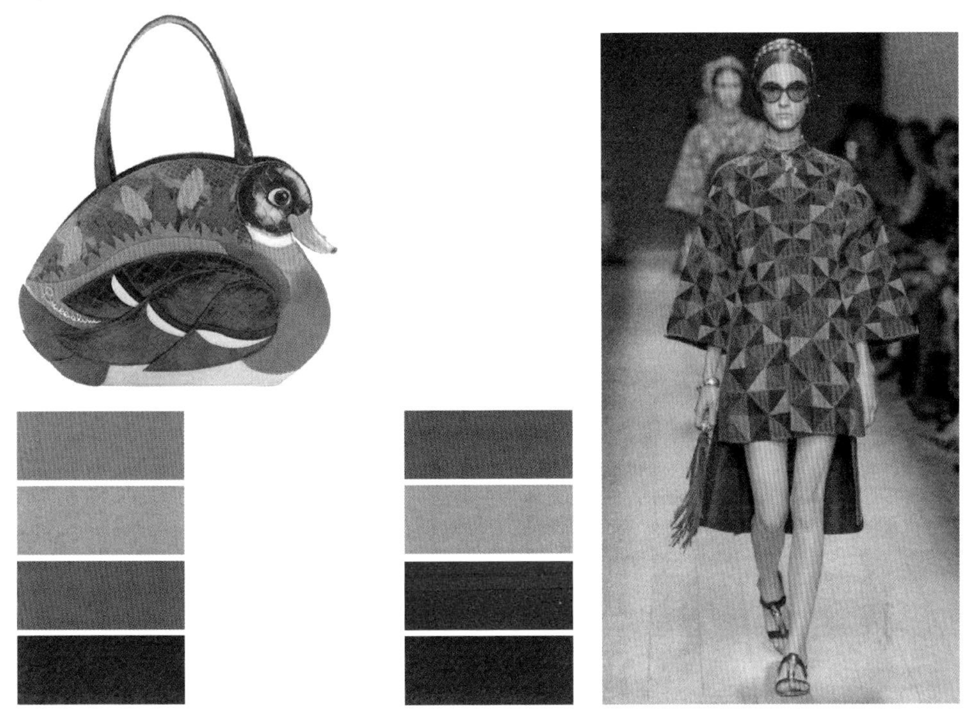

图 4－8　分裂补色设计

(4)类比色设计:在色相环上任选三个连续的色彩或其一明色和暗色的组合设计。如图 4－9 所示。

图 4－9　类比色设计

(5)互补色设计:使用色相环中全然相反的颜色的组合设计。如图 4-10 所示。

图 4-10　互补色设计

(6)原色设计:把红、黄、蓝色组合起来的设计。如图 4-11 所示。

图 4-11　原色设计

三、服饰图案色彩配色实践

在做服饰图案色彩的配色练习时，为了取得理想的配色方案，配色过程可以采用一个图案做多个配色方案的练习方法，我们称之为“一图多色法”；或者是一套配色方案做多个图案的练习方法，我们称之为“一色多图法”。采用这样的实践方法练习的目的，是经过反复多次的配色实践，最终从练习方案中选择最理想的配色方案确定图案的色彩。

（一）一图多色法操作步骤

一图多色法就是选定一个图案，用多套配色方案来表现，其具体步骤如下：

①在搜集的色彩素材中选择一套符合设计主题要求的配色方案；

②以手绘或计算机辅助上色的方法，将颜色画在图案设计手稿上，上色过程中要注意的是提前分配好图案上各个部位都用哪些颜色，使各部位的色彩比例达到有重点、有主次，避免无目的地盲目上色；

③上色工具的选择：可以选择水彩颜料、水粉颜料、丙烯颜料、马克笔、勾线笔等等，另外，也可以运用计算机绘图软件来完成上色；

④上色过程中边画边调整画面的整体色调，避免只关注局部色彩而忽略图案的整体色调；

⑤完成一套配色方案的绘画后，可以用同样的方法再完成其他多套配色方案的练习，或者可以用计算机辅助设计完成多个配色方案，最终选择最理想的一套配色方案。如图 4 - 12 所示。

需要注意的是，所有完成的配色方案的色调要在色相上有所区别，比如有同类色配色，邻近色配色，对比色配色；或者是在色彩的明度和纯度上有所区别。这样做的好处是能在同一图案上一目了然地找到哪一套配色方案更符合设计要求，为最终确定配色方案提供直观的配色参考图。另外，这个配色练习的过程也进一步提高了配色能力和技巧，收获可谓一举两得。

（二）一色多图法操作步骤

一色多图法顾名思义就是确定一套配色方案，然后在多个图案中应用该配色方案的方法。其具体步骤如下：

①一色多图法的关键是要在图案设计之前确定一套配色方案；

②分析确定好的配色方案共有多少个色彩，以便在图案设计时分配色彩区域；

③做一系列图案设计，这些图案可以是系列的，也可以是有各自风格和主题的；

④完成多个图案的设计后，开始上色，上色的过程可以是手绘上色，也可以是运用计算机绘图软件完成上色；

⑤由于色彩是确定的，上色过程中要时刻注意整体色调的把握，避免因图案过于复杂或过于简单而使色彩过分杂乱或过于均匀。

一色多图法操作如图 4 - 13 所示。

图 4－12　一图多色法实践

图 4－13 一色多图法实践

（三）综合实践

面对多个服饰图案，或一系列服饰图案时，单一的一图多色法或者是一色多图法往往不能有针对性地解决实践问题。这时，我们要综合运用多种方法来具体问题具体解决。比如，将“一图多色法”和“一色多图法”综合起来运用，解决复杂图案的配色问题，具体办法如图4－14至图4－19所示。

图4－14　服饰图案色彩综合实践(1)

图 4－15 服饰图案色彩综合实践(2)

图 4-16　服饰图案色彩综合实践(3)

图 4－17　服饰图案色彩综合实践(4)

图 4-18　服饰图案色彩综合实践(5)

图 4－19 服饰图案色彩综合实践(6)

实训拓展

色彩搭配实践

（作者：武越、常誉馨、栾迪）

作业与思考

用一图多色法、一色多图法或综合法在设计好的图案上做色彩搭配练习。

要求：图案色彩要具有中国传统图案特色，同时具有现代感，共 3 幅图。

规格：20cm×20cm。

第二篇

实践篇

SHIJIANPIAN

第五章 多种工艺方法表现服饰图案的实践

DUOZHONGGONGYIFANGFABIAOXIANFUSHITUANDESHIJIAN

学习目标 了解热转印、串珠、拼布、丝带绣、编织、仿真奶油胶等工艺手法的原理及操作过程。

重点及难点 1. 熟练掌握多种工艺手法制作服饰图案的过程是学习重点。

2. 将各种工艺手法综合运用在服饰图案设计中是本章的难点。

第一节 热转印工艺表现服饰图案的实践

一、热转印工艺的技术原理

热转印是指经转印纸将染料转移到织物上的印花工艺过程。它是根据一些分散染料的升华特性，选择在150～230℃升华的分散染料，将其与浆料混合制成“色墨”，再根据不同的设计图案要求，将“色墨”印刷到转移纸上，然后将印有图案的转移纸与织物密切接触，在控制一定的温度、压力和时间的情况下，经过扩散作用进入织物内部，从而达到着色的目的。与印刷不同之处在于热转印是在高温下使热转印油墨受热升华，渗入物体表面，凝华后即形成色彩亮丽的图像。所以，热转印产品经久耐用，图像不会脱落，龟裂和褪色。需要注意的是，把图案打印在转印纸上时，分辨率要达300dpi，最后热转印出的色彩和清晰度才能达到预期的效果。

二、热转印工艺流程

(1)画出完整的图案设计手稿，或者直接采用计算机辅助设计确定图案设计稿。

(2)把手稿扫描成电子文件(采用计算机辅助设计的除外)，用计算机辅助设计软件(photoshop即可)将设计好的图案处理成镜像图案，这样做是保证最终印刷后的图像(包括文字)经过镜像处理印刷后成正像。另外，由于计算机成像有时会出现色彩偏差，这里需要同时调节图案色彩的饱和度、对比度等。

(3)将调整好的图案打印在热转印纸上，为保证转印后图案的清晰度和色牢度，最好采用激光打印。

(4)打印好图案的纸张沿着图案的边缘用剪刀修剪整齐(或者均匀地留一定间隙修剪整齐)。

(5)把修剪好的图案摆放在需要印花的面料(或是做好的成品)的适当位置上。

(6)用烫画机压印,这个过程需要注意压印时间和温度的设定。面料不同,所需压印时间也不同。

(7)印好后迅速将面料上的转印纸撕掉,这时染料已经充分散染在面料上,整个转印过程完成。

注意:适合做热转印的面料有100%纯棉、50%棉、化纤、麻、毛、合成纤维。

三、热转印需要的工具

(一)烫画机

烫画机通过发热板发热,用一定的压力、特定的温度和时间,将转印纸上图层和热固贴合到承印物上或者渗透到承印物料上面。

(二)转印纸

转印纸可以将要烫印的图案用打印机输出,再印到面料上。转印纸主要分为浅色转印纸和深色转印纸。浅色转印纸适合印白色等浅色衣服;深色转印纸适合印黑色等深色衣服。

(三)剪刀

剪刀用来将转印纸上的图案减下来。

四、热转印工艺制作服饰图案的实践

【实例】(作者:吴伟宗)

本例灵感来源于中国民间艺术——剪纸,它是中国汉族最古老的民间艺术之一,也是一种镂空艺术,其在视觉上给人以透空的感觉和艺术享受。

①将画好的图案打印在热转印纸上;如图5-1A所示。

②用剪刀沿着图案的边缘把图案全部减下来,图案边缘根据需要可以留一定宽度的边,或者完全不留边紧贴图案边缘剪;如图5-1B所示。

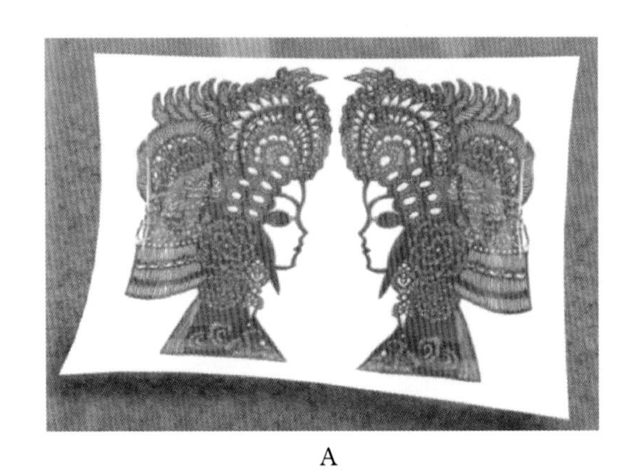

A

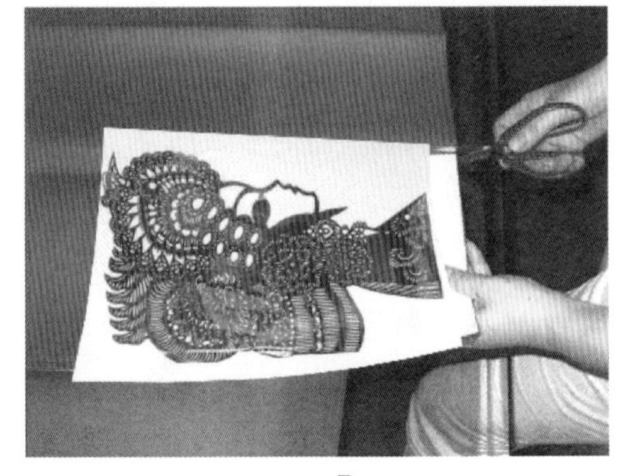

B

图5-1 将图案打印在热转印纸上

③把准备印图案的面料(或服饰)放在烫画机加热板中间先加热,这样做是先给面料除湿,如图 5-2A 所示,除湿后的面料更易着色和固色;

④将剪好的图案放在面料预先设计好的位置上,用烫画机加热,如图 5-2B 所示,加热的时间要根据面料薄厚而定,一般棉质面料为 30~50 秒;

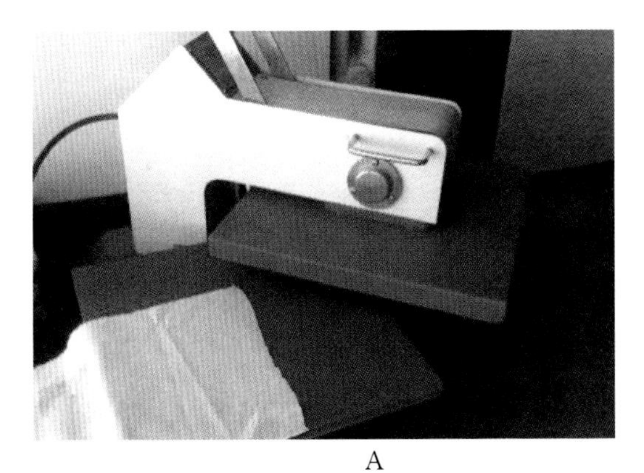

A

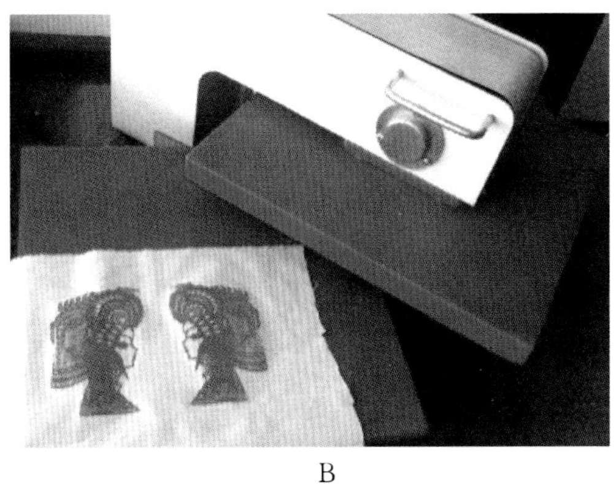

B

图 5-2 将印好图案的转移纸放在烫画机上加热

⑤印好图案后将转印纸迅速撕掉,完成转印过程;如图 5-3 所示。

⑥本例成品最终效果如图 5-4 所示。

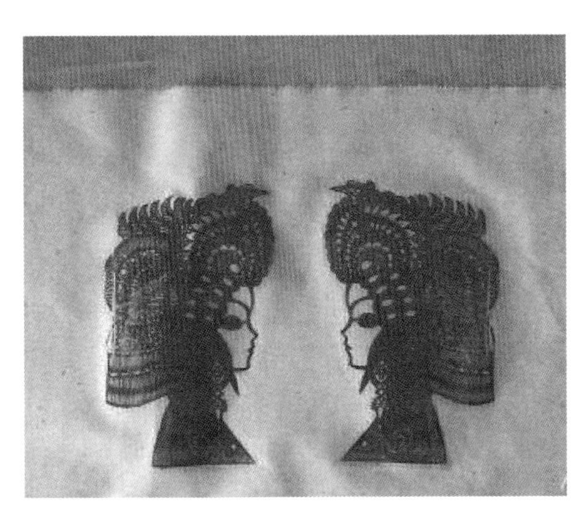

图 5-3 转印好的图案效果

图 5-4 成品最终效果

实训拓展

热转印工艺在手绢、帆布包上的应用

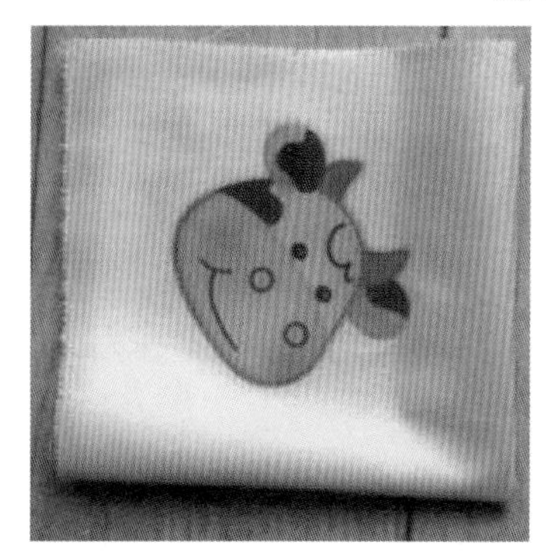

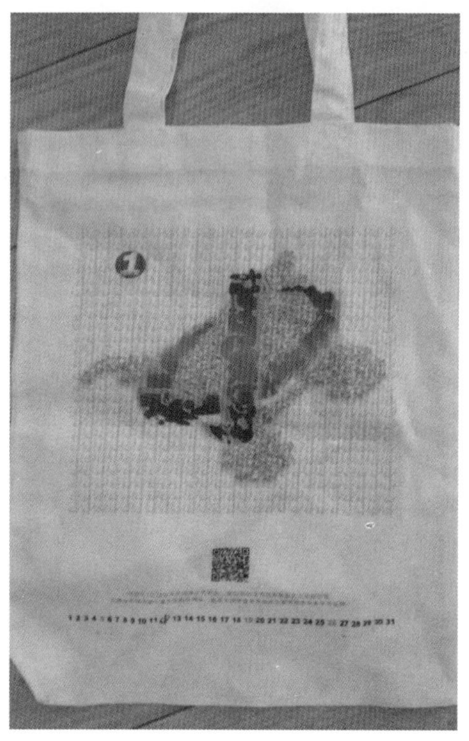

热转印工艺在T恤上的应用

作业与思考

1.哪些服饰可以运用热转印工艺来表现图案设计?

2.热转印工艺是否能与其他工艺混合使用进行服饰图案设计?

3.运用热转印工艺做主题突出的系列T恤图案设计,一系列4个图案,共4件。

要求:结合时尚潮流设计有中国传统纹样特点的图案,运用位置和构成形式视主题风格而定。

第二节 串珠绣工艺表现服饰图案的实践

一、什么是串珠绣

珠绣工艺是在布上用针穿引珍珠、玻璃珠、宝石珠，在纺织品上组成图案的刺绣。自主设计抽象图案或几何图案，把多种色彩的珠粒，经过专业绣工纯手工精制而成。串珠绣艺术特点是绚丽多彩、层次清晰、立体感强，经光线折射又有浮雕效果的艺术特色。

二、串珠绣的准备工作及基本针法

（一）准备工作

（1）仔细观察图案配色，数出颜色数量；

（2）将图案颜色与所配珠子进行对比选择；

（3）将穿好线的绣针从绣布背面穿结（即固定）后从起针点处穿出；

（4）找来瓷碟等容器，取出适量要使用的珠子。

（二）基本针法

绣针从①点穿出后，用针尖从碟子中穿上几粒珠子；将穿好珠子的针从②（对角线）穿入，然后再从③点穿出，这就绣完一排珠子。（注意：从②到③这一步是直接将针穿入，完全是在绣布的正面操作，不要分成两步。）此时针所在的位置正好是第二粒珠子的起点，依照上面的方法绣第二粒珠子。绣好一排后，第二排起针点从④点穿入，针从背后走针至⑤点穿出，完成第二排，如图 5－5 所示，以此类推。管状珠子的基本刺绣方法与上面所说的相同。如图 5－6A 所示。

亮片的刺绣方法是绣针从两个亮片中间的孔隙穿出，用针尖穿上几粒小珠（或管状珠子）；将穿好珠子的针从亮片中间孔穿回，整理珠子的方向和位置，绣好一片亮片。如图 5－6B 所示。

亮片加上小珠子的刺绣方法是绣针从①点穿出后，用针尖从碟子中穿上亮片和小珠子；将穿好珠片的针从②点穿入，这就绣完一粒亮片和珠子；针从③点穿出（这一点与①点在同一个圆周上），与第一粒珠子同样的方法绣第二粒亮片和珠子。如图 5－6C 所示。

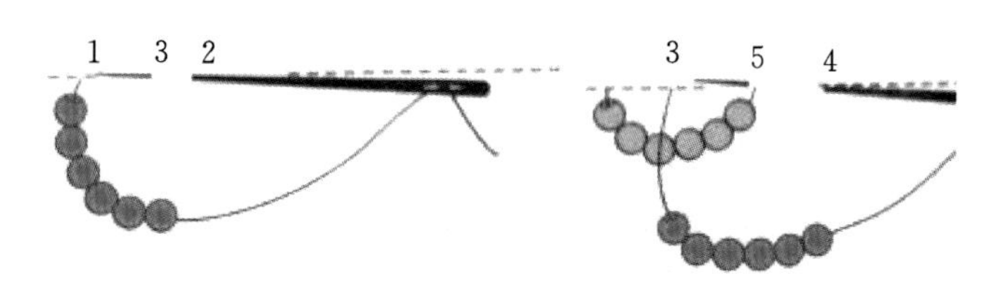

图 5－5 连续珠子的基本绣法

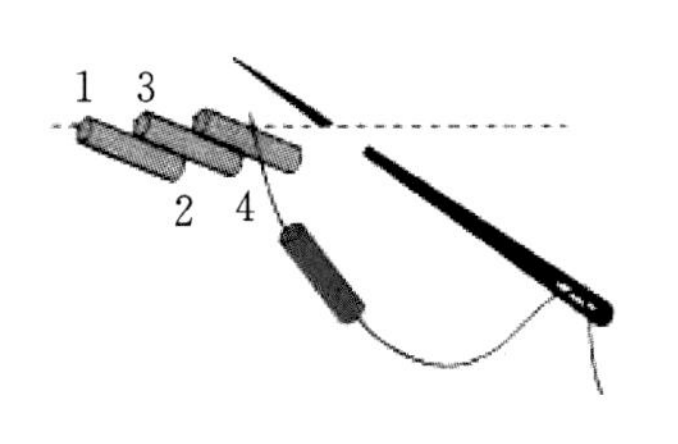

A 连续管形珠的基本绣法

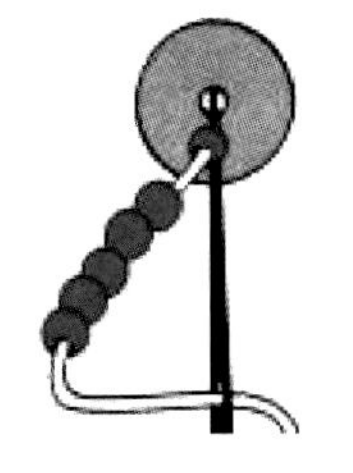

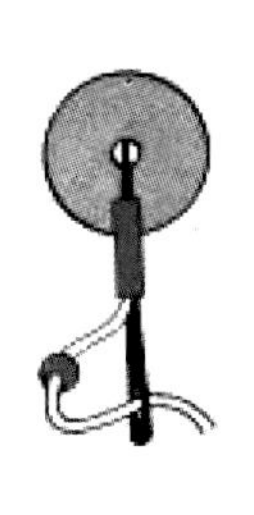

B 珠与片的基本绣法

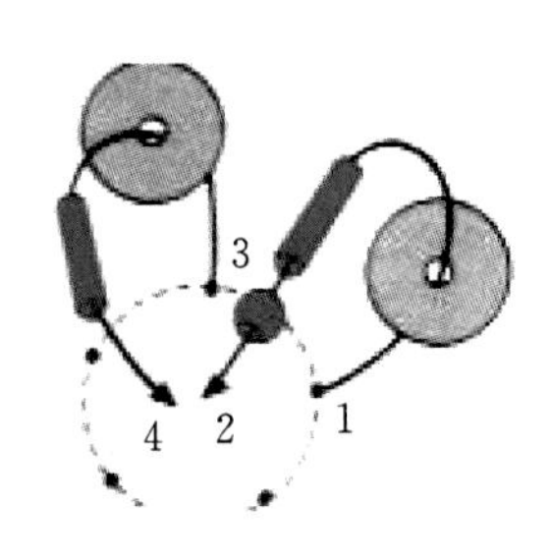

C 珠、片、管形珠的基本绣法

图 5-6 管形珠、珠、片的基本绣法

(三)复杂的串珠绣针法

复杂的串珠绣针法一般是以基本针法为基础，在串珠的数量和排列珠子的形式上寻求变化。

图 5-7A 中单个珠子连续排列的针法，与之前讲到的基本针法相同。

图 5-7B 中是 2 粒珠子连续排列，以 2 粒珠子为一个单位的串珠绣针法，具体做法是起针时从①点出针，穿 4 粒珠子后从②点入针，(注意入针时提前将 4 粒珠子并列大概需要的距离目测好，保证入针点与 4 粒珠子连在一起的长度一致，避免针迹与珠子之间出现空隙，影响美观)。针从④点穿出并继续在紧邻的两粒小珠子中间穿过，再继续穿上 2 粒小珠子，从③点入针，固定好，完成 6 粒珠子的固定，以此类推 2 粒珠子为一个单位连续钉缝。

图 5-7C 中是 3 粒珠子连续排列，以 3 粒珠子为一个单位的钉缝方法。图 5-7D 是 4 粒珠子连续排列，以 4 粒珠子为一个单位的钉缝方法，与 2 粒珠和 3 粒珠子的钉缝方法相同。

多粒珠子的基本钉缝主要是以上方法，珠子的位置和排列的方向通过不断的练习能越发熟练。

图 5-7E 中是珠孔向下排列，这种 1 粒珠子的基本钉缝方法与上面提到的多粒珠子连续钉缝的方法有所不同。这种钉珠的方法主要是固定珠子时，入针和出针在同一位置上，只是在出针时挑起尽量少的纱线以保证入针和出针位置紧紧地挨在一起，这样做的好处是在正面看时，珠子与珠子之间的线迹尽量少的露出来，当钉缝手法熟练后，几乎能做到完全看不到线迹。

图 5-7 中的 F、G、H、I、J 是珠子穿成立体效果的针法。

串珠绣注意事项：

(1)选珠：选择珠子很重要，绣的时候尽量选择大小比较均匀的珠子，差别太大会影响整体效果；

(2)珠子方向：所有珠子的倾斜方向必须保持一致；

(3)起针点：通常是以图案的最下面一排(左下角或者右下角)为起点；

(4)起针：起针时，先将绣线尾部打结，在绣布背面穿过几针(注意不要穿透到正面)后，从直针点穿出；

(5)收针：绣线快用完时，将针穿入绣布背面，在绣布背面穿几针，然后直接剪断即可，无须再打结，注意不要在绣布上打结。

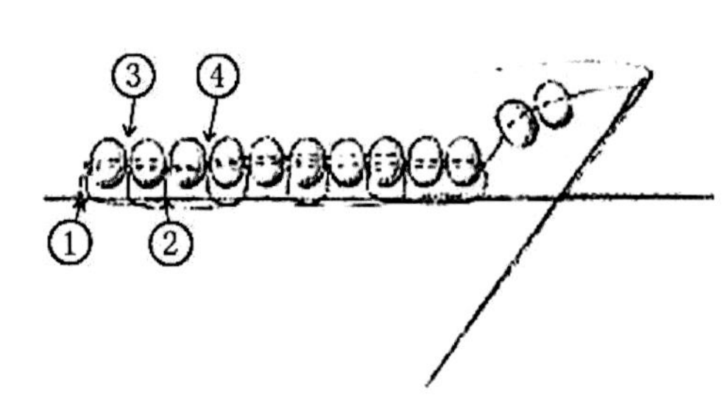

A 单个珠子连续排列

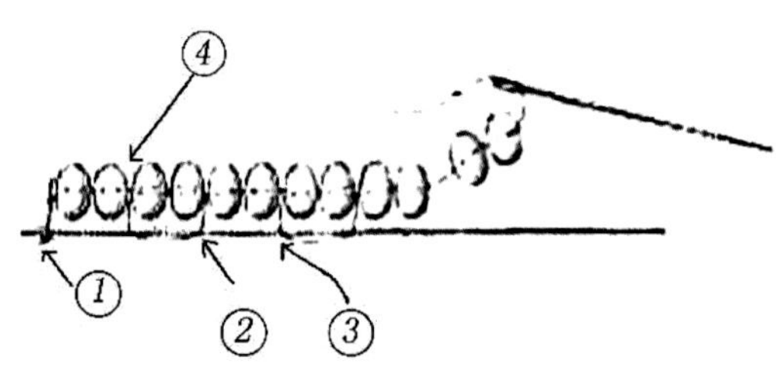

B 两个珠子连续排列

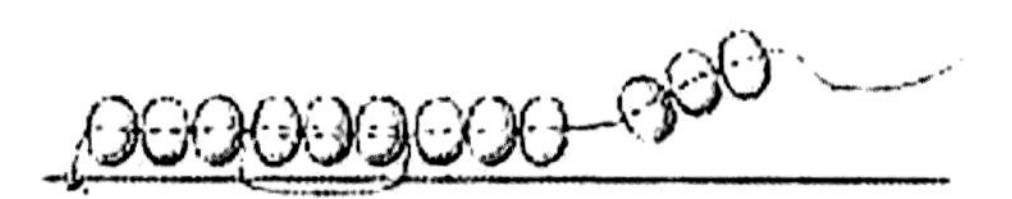

C 三个珠子连续排列

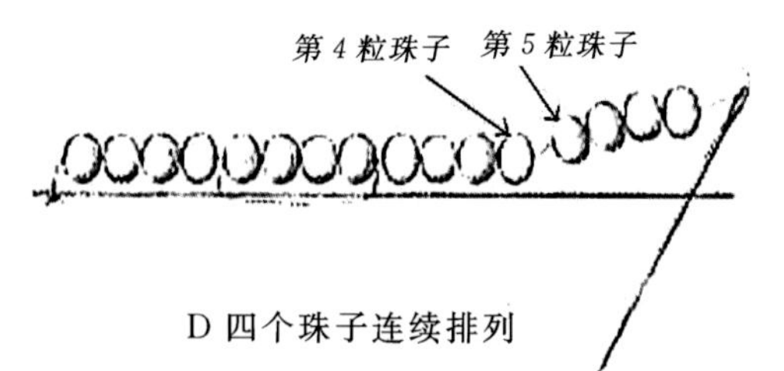

D 四个珠子连续排列

从这一点穿进，再穿出

E 珠孔向下排列

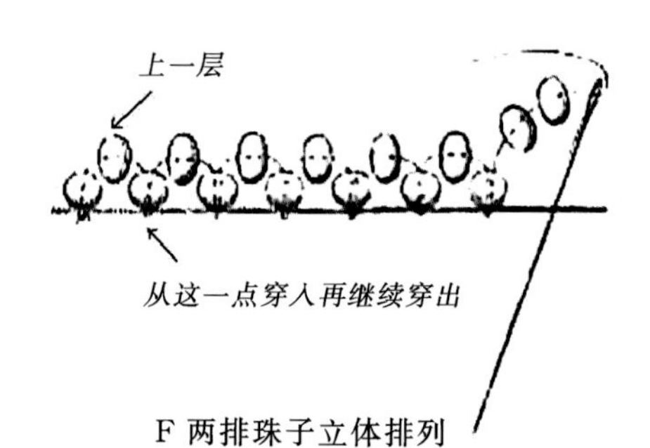

F 两排珠子立体排列

G 不同大小、形状的珠子排列

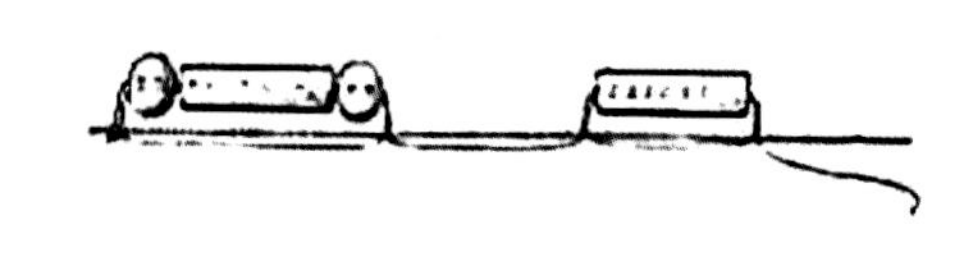

H 圆珠、管珠相连的立体排列

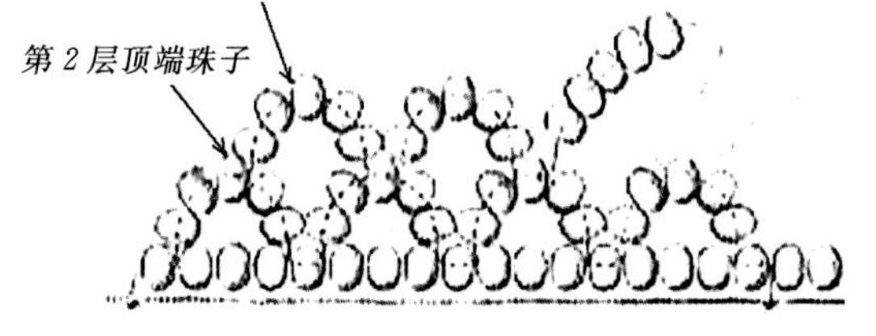

I 多排珠子镂空立体排列

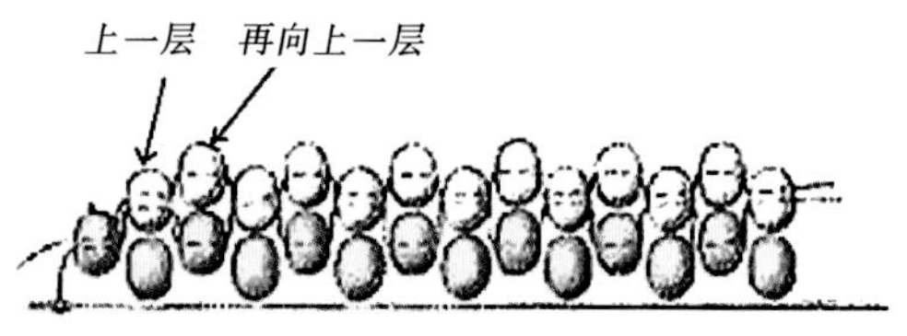

J 多排珠子立体排列

图 5－7　复杂的串珠绣针法

三、串珠绣工艺表现图案的实践

【实例 1】(作者:吴杰)

①准备工具及材料:铅笔、剪刀、尖嘴钳、缝纫线、手缝针、热熔胶,图 5-8A 所示。

②各式各样的亚克力(宝石)和珠子,如图 5-8B 所示。

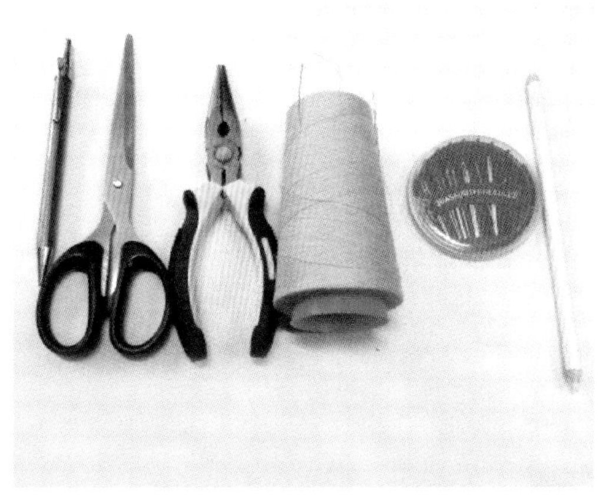

A 串珠绣基本工具

B 串珠绣珠片

图 5-8 准备工具及材料

③画出珠绣图案的设计草稿,如图 5-9A 所示。

④将设计稿剪下来,附着在羊毛毡上,沿着图案边缘剪下羊毛毡,如图 5-9B 所示。

⑤将设计稿粘贴在羊毛毡上,进行钉缝,如图 5-9C 所示。

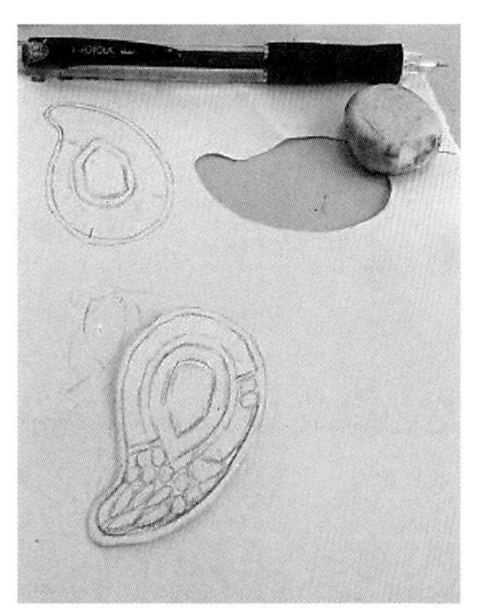

A 画出设计草稿图

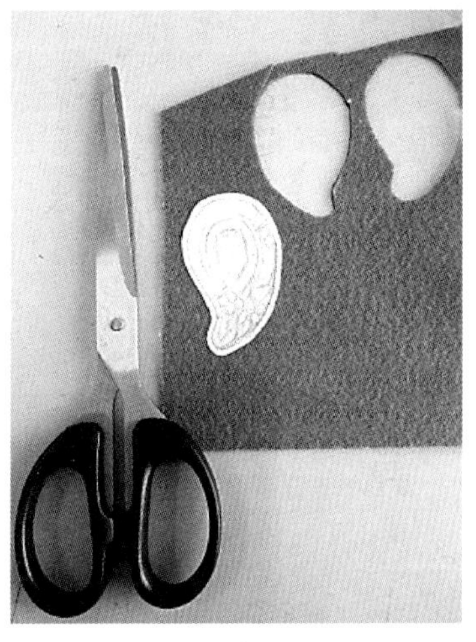

B 将设计稿剪下来

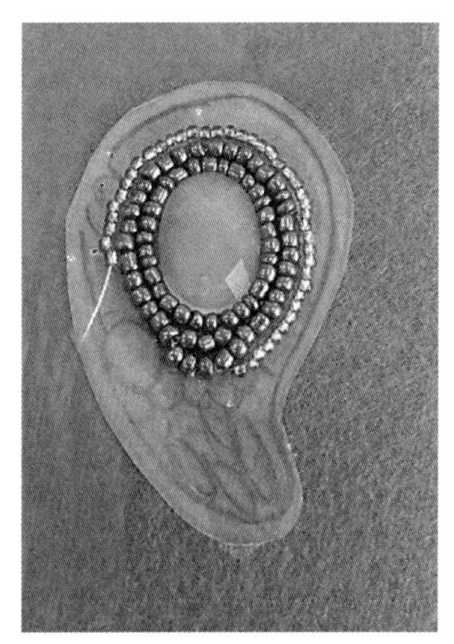

C 钉缝

图 5-9 串珠绣基本过程

⑥串珠图案耳环最终完成效果如图 5－10 所示。

图 5－10　串珠图案耳环最终完成效果

【实例 2】（作者：吴杰）

①在纸上先画出设计稿，具体细节都在纸上表现出来，如图 5－11A 所示。

②将所画的设计稿附着在羊毛毡上，并用剪刀将其剪下，如图 5－11B 所示。

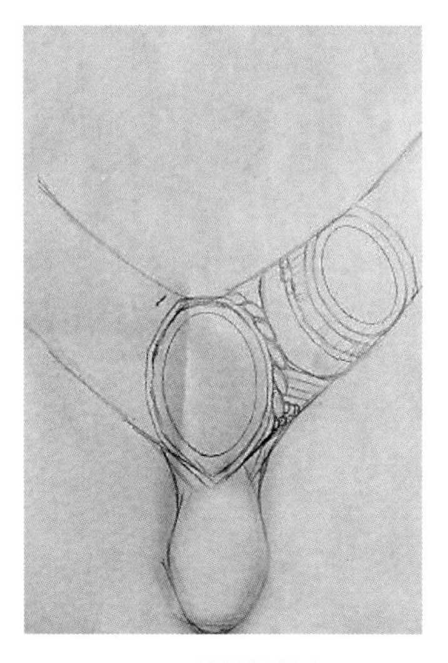

A 项链设计图

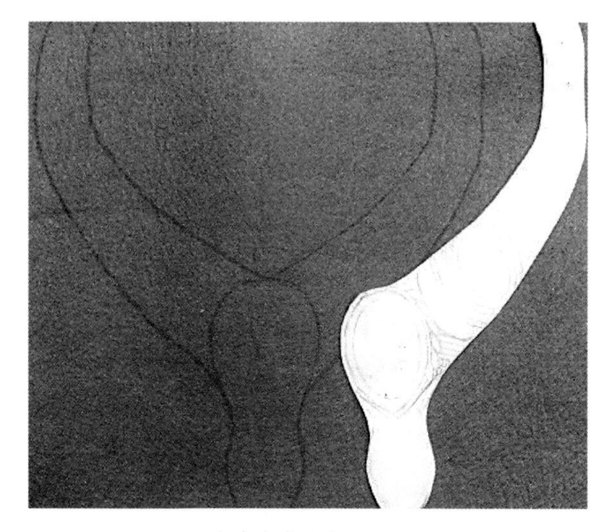

B 设计稿附着在羊毛毡上剪下

图 5－11　按设计稿剪羊毛毡

③钉缝之前，将大颗珠子摆放在纸上或羊毛毡上进行配色，确定图案的整体色调，如图5-12A所示。

④用胶水将亚克力珠子先粘在羊毛毡上，再进行钉缝，如图5-12B所示。

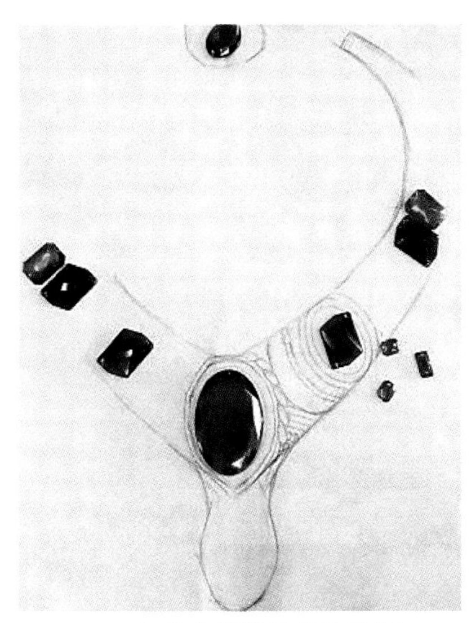

A 确定图案的整体色调

B 珠子片粘在羊毛毡上，再进行钉缝

图5-12 准备钉缝

⑤正面穿珠钉缝，钉珠时需要把握项链整体色调统一，珠子排列整齐，方向一致，如图5-13所示。正面整体钉好后，背面用同色羊毛毡做底布将项链底部的钉缝的线迹掩盖住，并沿着布边将两片布仔细地缝合起来。

图5-13 部分完成效果

⑥以同样的方法制作项链搭合处的装饰扣，注意颜色要与项链整体色彩相搭配；另外为保证结实程度，串穗子最好使用鱼线，如图 5－14 所示。

⑦串珠绣图案最终完成效果如图 5－15 所示。

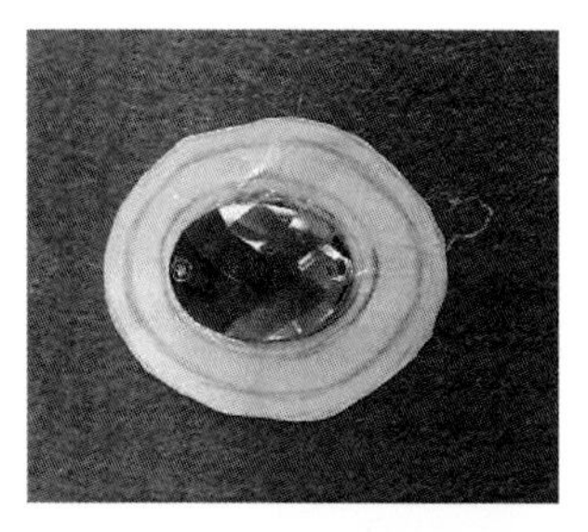
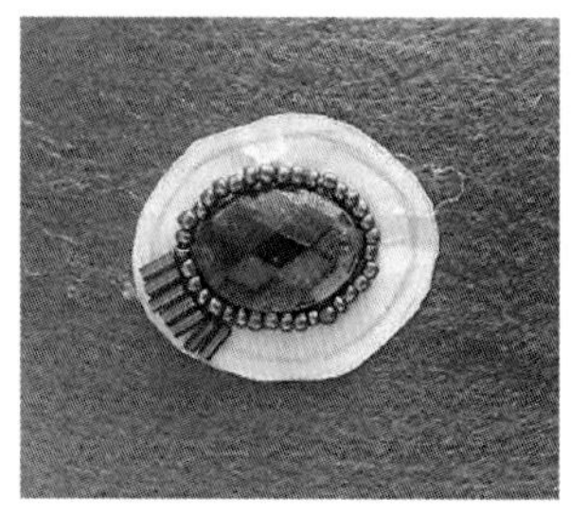

图 5－14　坠子完成效果

图 5－15　串珠绣图案项链最终完成效果

【实例 3】（作者：王然）

①准备工具：直尺、圆规、壁纸刀、剪刀、铅笔、消字笔、缝纫线、手缝针、鱼线（用来穿缝流苏），如图 5－16 所示。

图 5－16　准备工具

②设计纸样，做基本型圆形，R＝13，C≈39（单位：cm），做圆的中心线，上出1cm，下出9cm，做如图5－17A纸型；剪出项链底部纸样，如图5－17B所示。

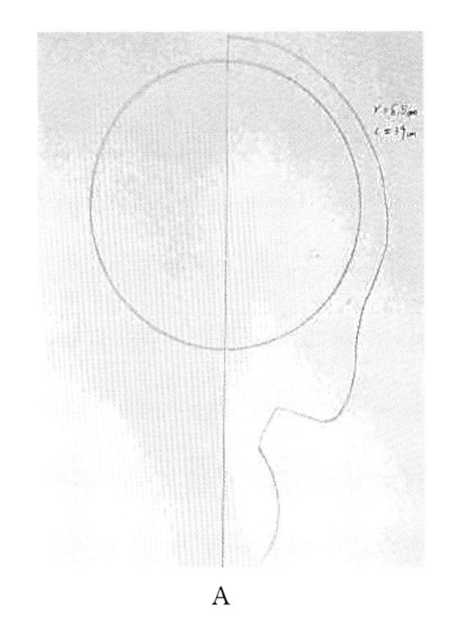

A

B

图5－17 设计图轮廓

③将羊毛毡（不织布）剪成圆形，准备珠片等材料，图5－18A所示。

④按照纸样版型在羊毛毡（不织布）上剪出项链底部造型，图5－18B所示。

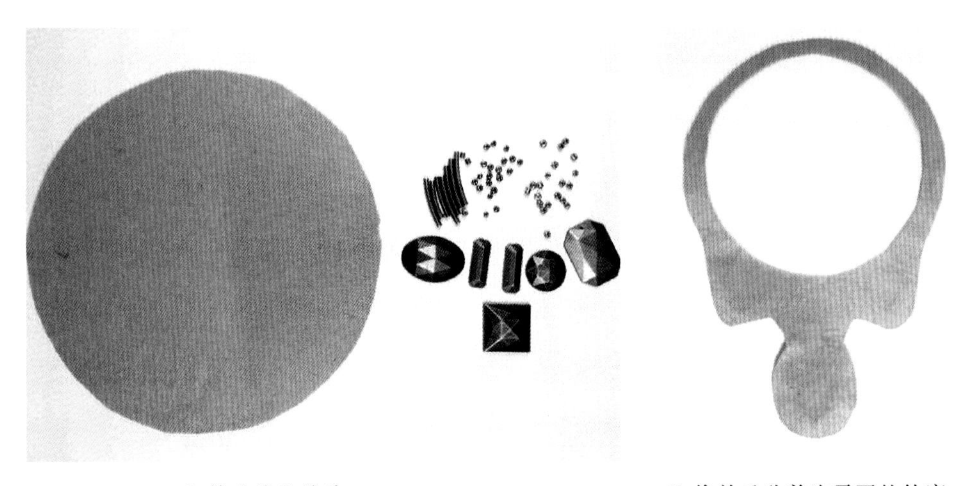

A 羊毛毡和珠片　　B 将羊毛毡剪出需要的轮廓

图5－18 准备羊毛毡及珠片

⑤在项链底布上摆放复古珠，检查位置是否美观，摆好复古珠位置后用笔轻轻做标记，如图5－19A所示；开始串珠绣，需要注意的是串珠绣入针和出针的方法（在前面的基本针法有介绍）如图5－19B所示。

A 把大珠钉在设计好的位置上

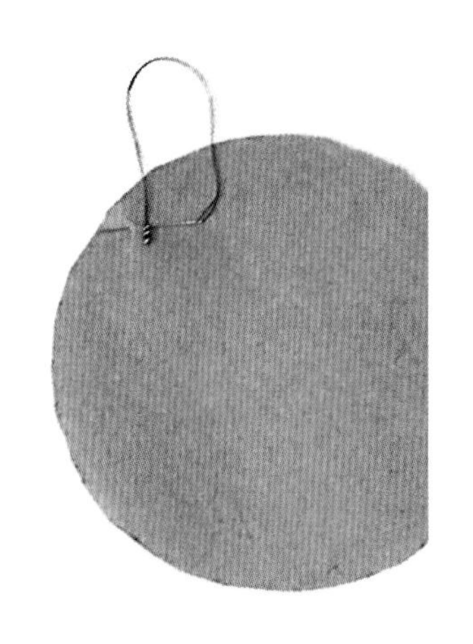

B 从边缘开始刺绣

图 5－19 开始串珠绣

⑥串珠绣时，珠子的方向要保持一致，如图 5－20A；在钉缝项链两边的珠子时要保证两边的珠子方向相对，这样绣出来的图案才对称美观，如图 5－20B 所示。

A 小珠子围绕大珠连续排列

B 连续围绕大珠排列

图 5－20 串珠绣时珠子的方向要保持一致

⑦串珠绣完成后，用另一块与底布形状大小相同的羊毛毡（不织布）在背面粘贴并沿着表布和衬布的边缘缝合，注意缝合处线迹要隐避，以保证作品完成后的美观度，如图 5－21A 所示。项链主体部分串珠绣完成效果，如图 5－21B 所示。

A 在羊毛毡背面粘贴并沿着表布和衬布的边缘缝合

B 主体部分串珠绣完成效果

图 5-21 项链主体部分完成

⑧用鱼线穿长条形管状珠制作项链的装饰边缘，如图 5-22A 所示。

⑨穿好的管状装饰边缘，在平整的地方整理其形状，确保所有的珠子在同一平面内，如果珠子有不平整现象，说明鱼线的松紧不均匀，需要一点点仔细地调整鱼线松紧，直到整体形状平整为止，如图 5-22B 所示。

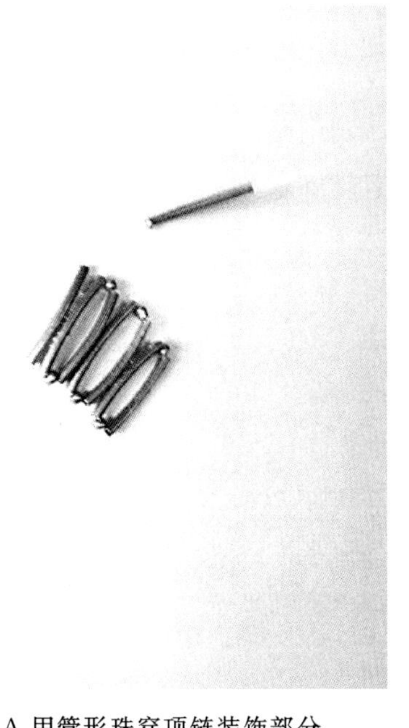

A 用管形珠穿项链装饰部分

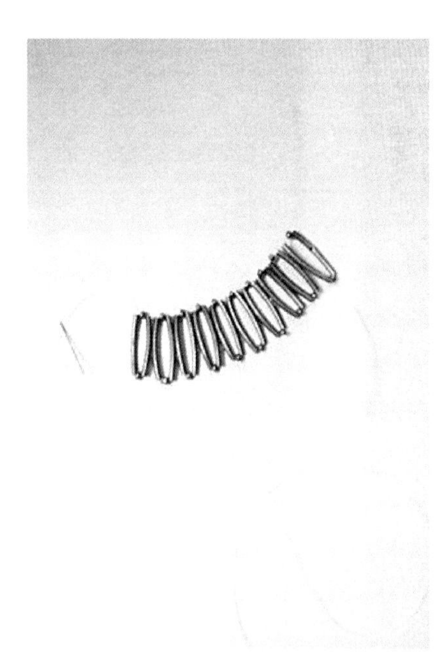

B 排列好的项链装饰边

图 5-22 项链流苏的制作

⑩加上串珠流苏，项链整体图案制作完成，如图 5-23 所示。

图 5-23　项链最终完成效果

【实例 4】（作者：曲金铭）

①准备工具：不织布、缝纫线、手缝针、铅笔、纱剪、小珠子等，如图 5-24 所示。

图 5-24　准备工具

②把设计好的图案画在纸上，标出代表珠子颜色的数字，以便钉珠时比对颜色，如图 5－25 所示。

图 5－25 设计图

③将画好的纸样拓印在不织布上，用可消划粉轻轻地画出图案轮廓，如图 5－26A 所示。

④沿着图纸上的图案线条开始钉珠，如图 5－26B 所示，钉珠时要时刻注意整理珠子排列的方向和间隔的大小，边缝边整理。

A 在羊毛毡上画出设计图

B 沿着设计图线条开始串珠绣

图 5－26 在羊毛毡上画出设计图，开始串珠绣

⑤钉缝中间部位的大珠时，要保证大珠的位置在正中间，且间隔均匀，如图 5－27A 所示。

⑥缝下面的小珠时要与大珠的位置衔接好，避免出现明显的空隙，如图 5－27B 所示。

A 将项链主体部分的珠子绣好

B 珠子围绕主体图案部分依次排列

图 5－27 按照设计图开始串珠绣

⑦一侧缝好之后，进行另一侧主要线条的钉缝，为保证两边的图案造型完全对称，可以用纸样放在底布上比对，再开始钉缝，如图 5－28A 所示。

⑧主要线条缝好之后，将纸样撕去，处理干净，以便后续制作，这个过程要一边缝珠一边检查两边珠子是否对称，如图 5－28B 所示。

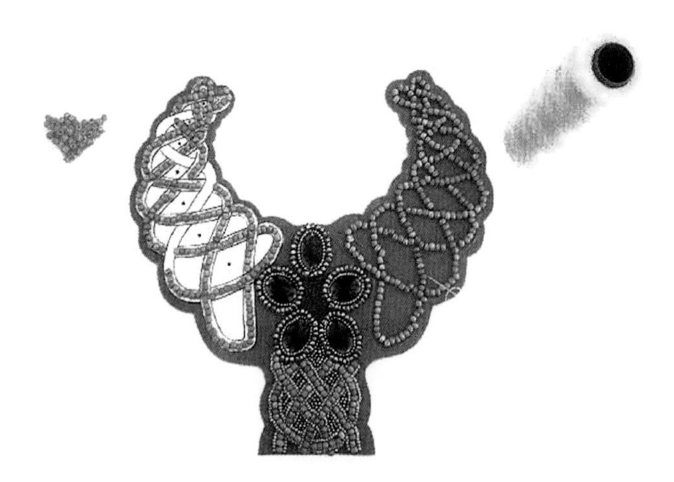

A 把纸样固定在羊毛毡上完成其余部分

B 主要部分的珠绣完成

图 5－28　完成主体图案

⑨图案中主要线条缝好后开始中间菱形的填补缝制，如图 5－29A 所示。

⑩中间菱形区域的颜色与主线条的颜色区别开来，形成色彩对比，如图 5－29B 所示。

A 小面积的珠绣紧密排列

B 逐渐将空隙绣满

图 5－29　将空隙绣满

⑪串珠绣领饰的最终效果如图 5－30 所示。

图 5－30　串珠绣领饰最终完成效果

【实例 5】(作者:叶馨鸿)

①绘制设计草图,草图中标出所有尺寸和灯罩的形状,如图5－31所示。

②根据设计需要反复修改草图直到满意为止。

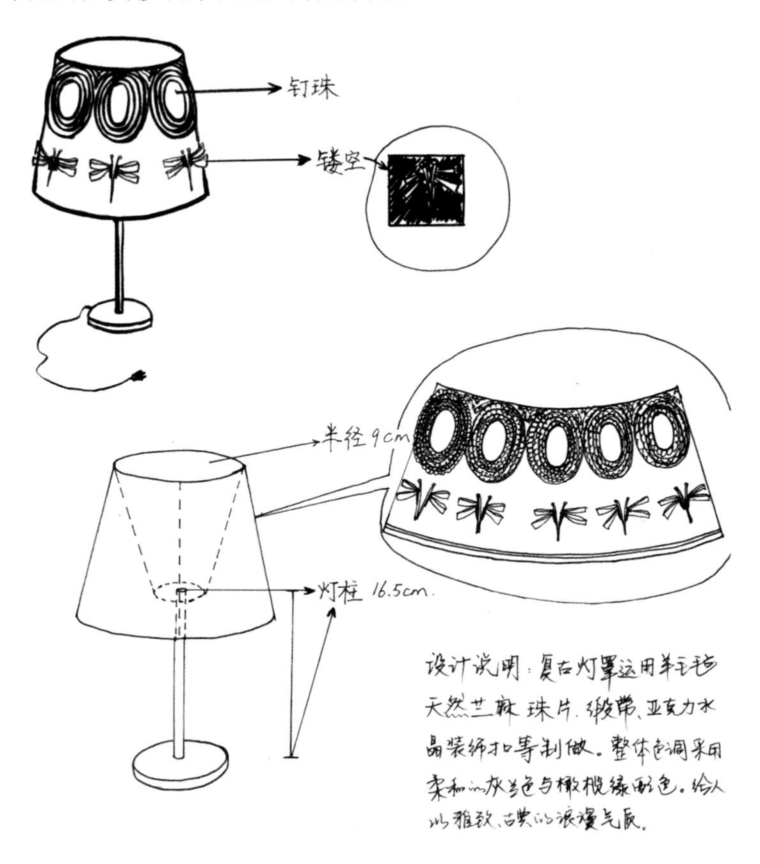

图 5－31　灯罩设计草图

③准备制作工具及钉缝所需材料，如图 5－32 所示。

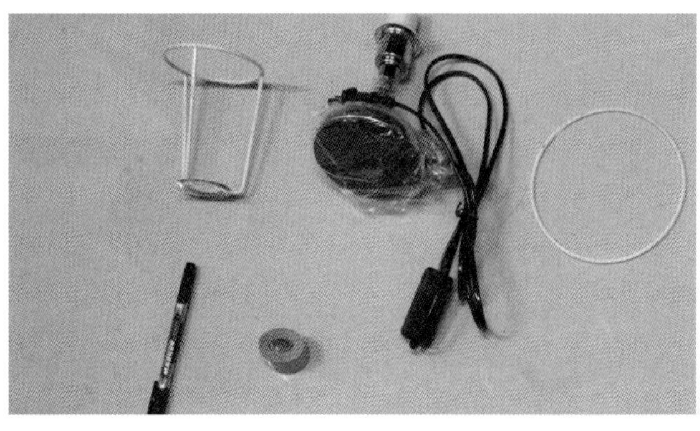

图 5－32　准备工具

④在羊毛毡上画出制作灯罩所用的扇形，并把扇形剪下来，如图 5－33A 所示。

⑤羊毛毡要剪一式两份，一份做表布，一份做里衬，如图 5－33B 所示。

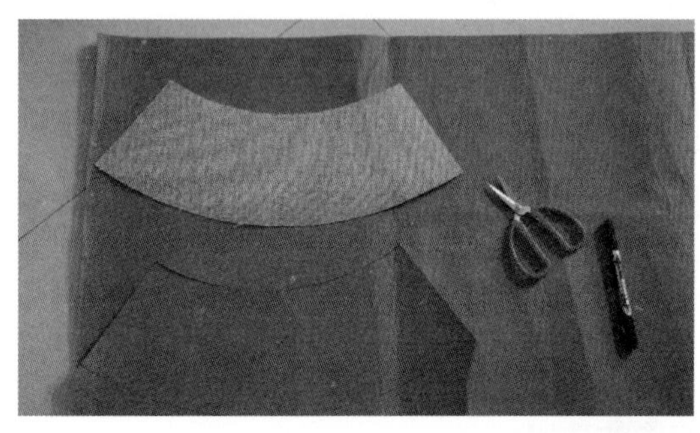

A 在羊毛毡上剪下灯罩所用的扇形

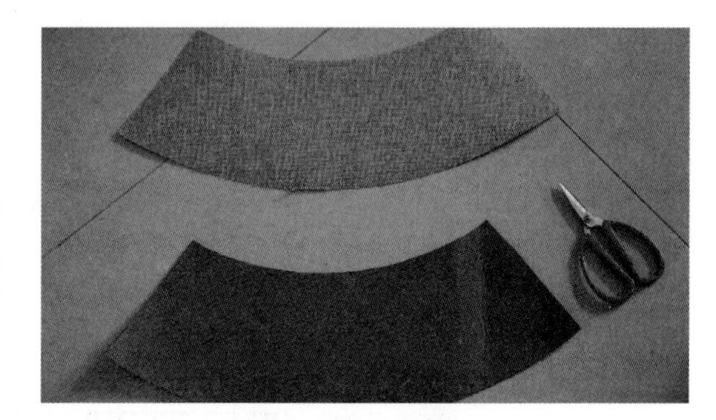

B 羊毛毡剪一式两份

图 5－33　在羊毛毡上画出制作灯罩所用的扇形

⑥用大颗亚克力在羊毛上摆出主体图案的大致位置，并用笔做出标记，如图5－34A所示。

⑦固定好珠子的位置，然后在其周一圈一圈整齐地钉缝小珠，形成椭圆形图案，如图 5－34B 所示。

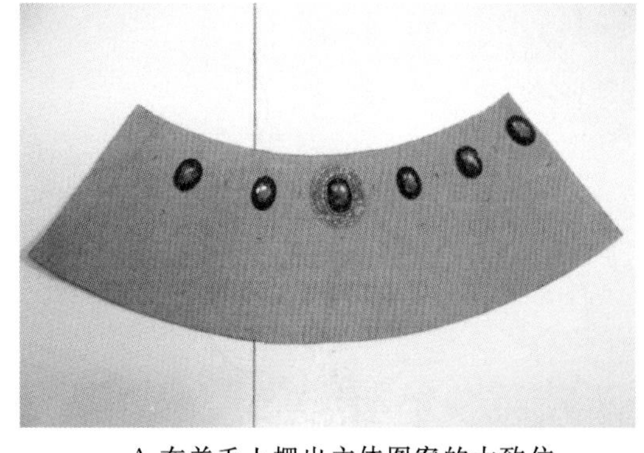

A 在羊毛上摆出主体图案的大致位

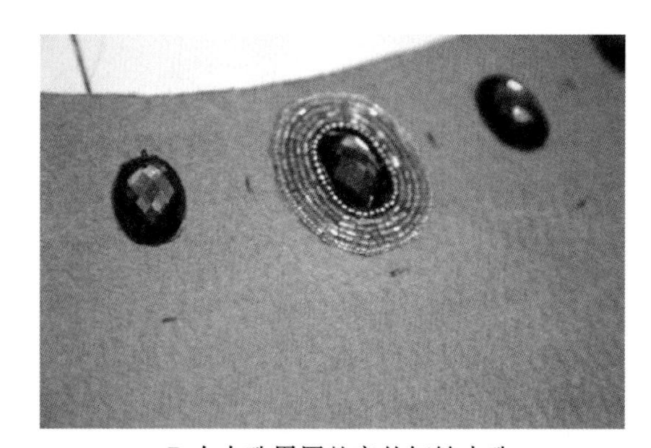

B 在大珠周围整齐的钉链小珠

图 5－34　固定好珠子的位置

⑧用缎带做出蜻蜓翅膀的形状，两边的缎带形状要对称美观，如图 5－35A 所示。

⑨在做好的缎带中间用珠子排列成一字形，压住接缝处，完成蜻蜓躯干部分的制作，如图 5－35B 所示。

A 用缎带做出蜻蜓翅膀的形状

B 用珠子压住接缝处

图 5－35 做蜻蜓装饰

⑩串珠工艺表现图案完成效果如图 5－36 所示。

图 5－36 串珠工艺表现图案完成效果

实训拓展

串珠绣作品

作业与思考

1. 串珠绣除了做项链、耳环、包等，还适合在什么载体上做？
2. 串珠绣图案设计的材料选择还有哪些拓展？

第三节　拼布工艺表现服饰图案的实践

一、什么是拼布

拼布是将一定形状的小片织物拼缝在一起的工艺，是国际上非常流行的古典唯美主义的时尚。拼布主要分生活拼布和艺术拼布。

拼布已从废物利用转变为艺术创作，早已超出了实用的日常生活品的内涵，成了一件极具观赏和审美价值的“生活艺术品”。通过拼缝各种各样的布片，并随意结合各种刺绣、编织、钩编等手工艺，可以做手提包、靠垫、挂毯、玩偶等各种各样的装饰品和物品。

二、拼布制品的种类

(一)根据拼布制品的用途分类

概括地说所有的家饰品都可以采用拼布的工艺来制作，具体可分成：厨房用品，如垫、盖、罩、围裙、手套等；客厅用品，如沙发罩、靠背垫、坐垫、台布；卧室用品，如床盖、被盖、枕头套、壁饰；各种手提袋；各种即实用又有装饰作用的布艺制品，如信插、化妆包、针插、玩具；服装服饰等。

(二)根据缝制方法的不同分类

根据缝制方法的不同，拼布制品可以分为以下几类：

(1)布块缝制品：将裁成的三角形、四边形等几何形状的布块接缝在一起而制作的拼布制品。

(2)补花制品：在基础布上贴上布块的方式而制作的拼布制品。

(3)无花纹制品：在无花纹布上描绘图案，并且灵活运用压缝技巧的一种拼布制品。

(4)加压式缝制品：利用在基础布和棉芯的上面再缝上一定图形的布块，而且可不再做压缝处理。

三、拼布需要的工具

拼布需要的工具见图 5－37 所示。

(1)制图用米格纸，用来设计图案、计算尺寸以及画模板。

(2)2B 或 HB 铅笔在布的背面画线以及在米格纸上绘制图案。彩色绘画笔在设计图纸上涂颜色。

(3)水消笔(在布的正面画线用)、画粉。

(4)切割刀、切割垫，用来切割布或纸模板。

(5)直尺和拼布专用尺，拼布专用尺上有多个横竖线可以画缝份及所需要尺寸的平行线；另外还有画图时用到的云板、大头尺、蛇形尺等，如图 5－38 所示。

(6)剪刀，包括布剪、线剪和纸剪。

(7)珠针：固定布片的专用工具。

(8)针、线(缝合、压缝、疏缝等)。

(9)多用板：表面粘有细砂纸，可采用 240—300 号水砂纸。固定布片不致滑动，以准确地描绘图形，反面可做烫板用。

(10)熨斗。

(11)硬纸板或塑料板：做模板用。

(12)锥子：用在纸型或布上做记号。

(13)顶针。

(14)拆线器：用于修改、拆除错误缝合线条。

(15)缝份盘：将铅笔插在盘的孔中，使盘沿着样板转动同时将作缝画出。

(16)拉带器:制作滚边条,裁剪好的斜条布通过拉带器一边熨烫一边折叠。

另外,画图工具还需要有蛇形尺、大头尺和云版等。如图 5-38 所示。

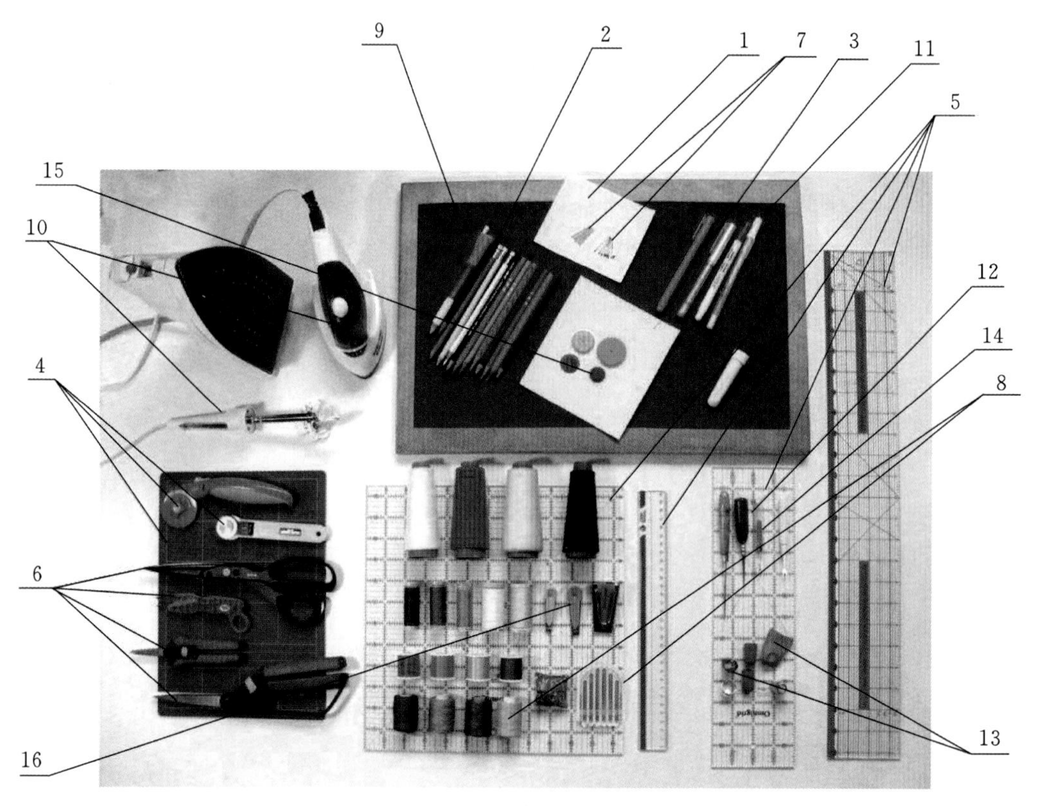

图 5-37　拼布需要的工具

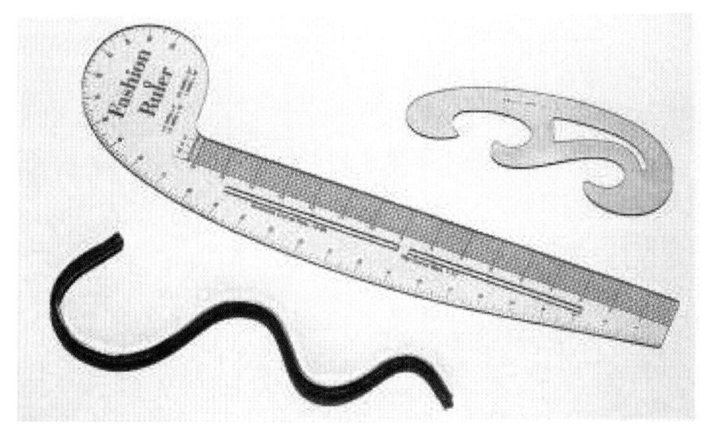

图 5-38　直尺和拼布专用尺

四、拼布工艺的基本步骤

(一)构思或确定图案

首先需要确定要制作的拼布制品是什么,是床盖、坐垫、桌布还是包袋等等,所要做的布艺制品的基本尺寸大小，以及采用的图案是什么。

（二）绘制整体平面图及分解后的每个基本几何图形

绘制平面图形根据实际尺寸按比例绘制。在平面图绘制完后用彩色绘画笔将每一个几何图形涂上不同色彩。平面图绘制完后每一个基本几何图形的大小和形状也就确定了。

（三）制作模板（图 5－39）

精确的模板是好的拼布制品的首要基本条件，模板一般采用白板纸或塑料板来做。如果采用白板纸就可以将在米格纸上画好的图形剪切下并粘贴上即可。有的时候需要裁剪布的数量比较大，也可以采用薄的塑料板制作模板。做缝量一般公制是 0.6～0.8cm 。

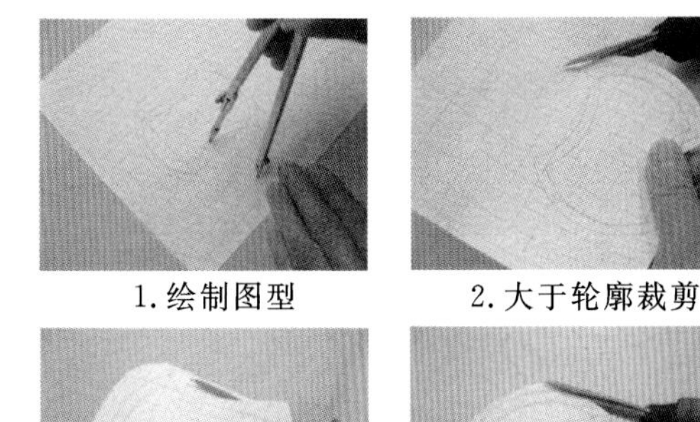

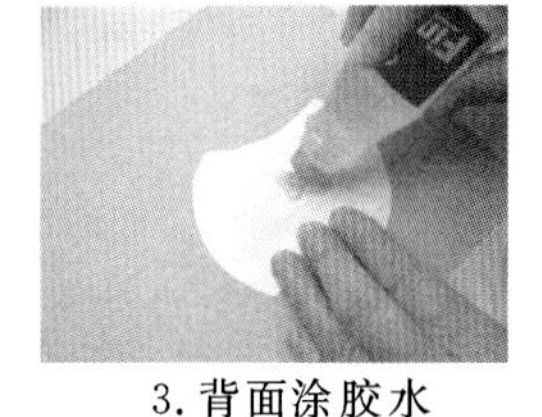

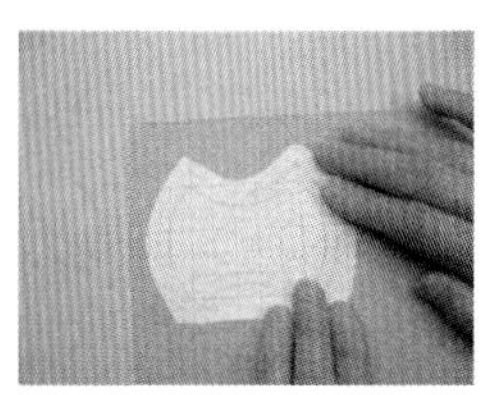

1.绘制图型　2.大于轮廓裁剪　3.背面涂胶水　4.粘到硬纸板上

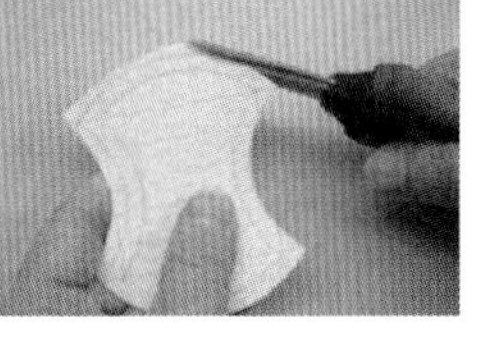

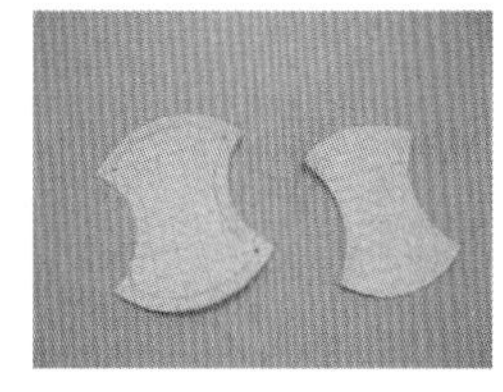

5.大于轮廓粗略裁剪　6.精确裁剪　7.缝合点钻孔　8.带作缝和不带作缝模板

图 5－39　拼布工艺的基本步骤

（四）选材料（图 5－40、图 5－41）

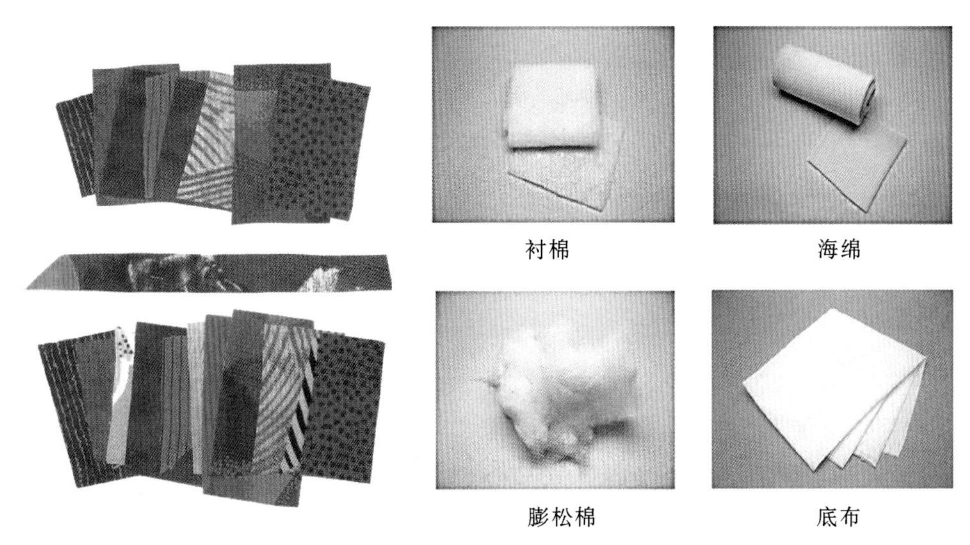

衬棉　海绵

膨松棉　底布

图 5－40　拼布布料　　图 5－41　衬棉

一般拼布布料采用百分之百的全棉细平纹布。布料首先要下水漂洗，漂洗有两个作用：一是棉布下水都有缩水率，因此在使用布料以前先将布料下水，以避免没有下水的布料在制作成拼布制品后清洗时收缩使作品变形;二是将布料表面的浮色洗掉,尤其是掉色比较严重的要多洗几次,直到没有染料清洗下来。拼布制品的底布或里布可采用平纹白色纯棉布或小花纯棉布。

选用衬棉通常是根据拼布制品的不同而选择不同的种类和不同厚度的衬棉。例如制作拼布包,为了包的造型更好以及更挺括,可采用0.3～0.5cm厚的海绵做衬棉。而制作其他拼布制品可采用0.3～0.5cm腈纶棉做衬棉。腈纶棉的厚度也同样是根据不同的拼布制品来选择。例如:床盖或台布大多尺寸比较大,考虑使用时需要经常清洗,因此不能选择太厚的腈纶棉,但是也不能太薄使得压线花纹的效果不明显。对于坐垫或靠背垫则可以采用较厚些的腈纶棉,使得压线花纹较明显增加作品的美观度。衬棉还分带胶和不带胶,而带胶有单面和双面,根据制作不同的作品来选用,带胶的衬棉可以用熨斗熨烫,这样衬棉就可以和表布粘在一起,就不需要疏缝。例如制作小包包或不进行压线的包包时都可以采用带胶的衬棉。膨松棉是用来作为填充物,例如做粉扑小篮或坐垫或一些其他立体的拼布制品如靠背垫等。

(五)布料的纹理及裁剪

在剪裁布料时特别应考虑布料的纹理,直纹理易保持形状,一般的原则是裁剪基本图形时尽量至少使其有一个边是顺着纹理,在将基本图形拼接成块时使块的四周是顺着纹理,如图5-42所示。可想而知这样每一块拼接好以后形状,尺寸就基本上确定了,不容易变形。这里需要说明的是:最好在绘制平面图时就将纹理标注上。

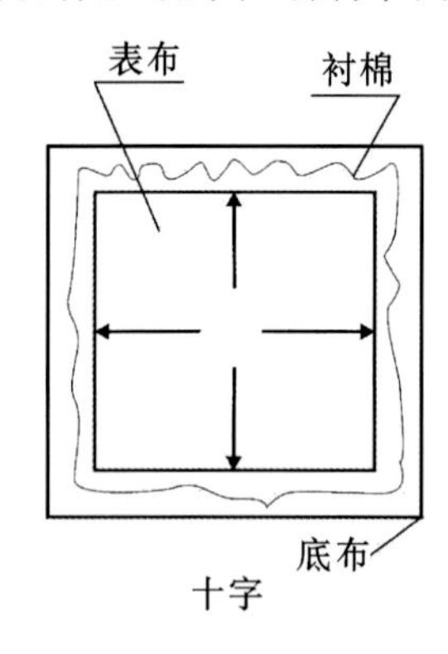

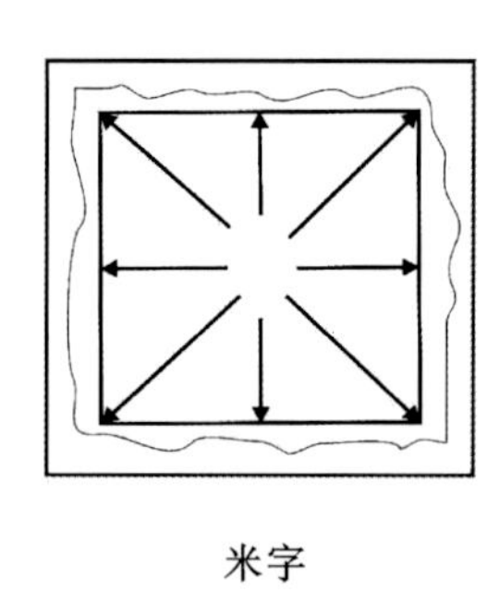

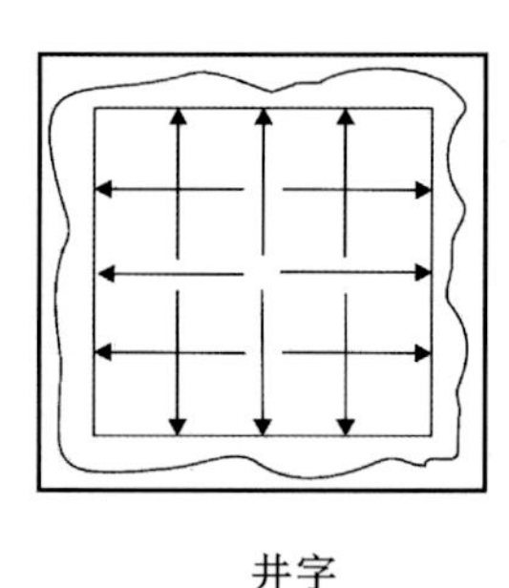

图5-42　布料的纹理及裁剪

布料的裁剪:好的拼布制品,纸型绘制的准确是基本条件。其次是布料裁剪的准确。首先将布料背面向上放到画板上,再将纸型放到布料上。用铅笔画出图形,这里需要注意的是铅笔要削得合适,不能太粗。并且同时要将缝合的记号在布上正确地画上去。这一点很重要,一定要画得准确,为正确地缝合做好准备。在制作服装过程中,把缝进去的部分叫缝份,把缝合衣片在尺寸线外侧预留的边,俗称缝头或做缝,如图5-43所示。

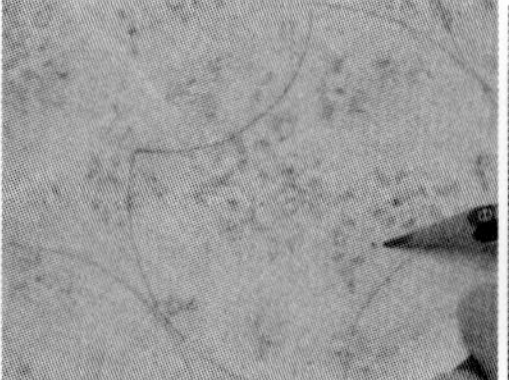

用模板在布料上画标出的缝份

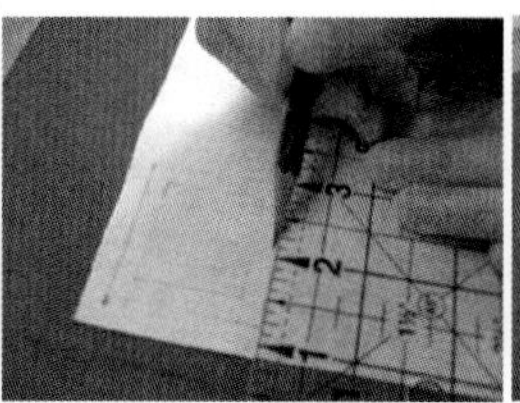

用尺子在布上画作缝

用专用工具画作缝

图5-43　布料的裁剪

布料裁剪时应裁剪基本块后按照平面图形摆放，可以初步看到拼接的色彩效果，对色彩搭配进行进一步调整，直到满意为止，再将所有的布料按数裁剪。

(六)缝合

拼接顺序一般为先拼接成最小单元，然后将小单元再拼成大单元 ，直到完成基本图形，然后再进行块的连接。要确定起始和落针的位置。缝合前将需要缝合的布片用珠针在缝合标记点处固定，对于较长缝合线则需要用多个珠针固定，机器缝合时可随着缝合到珠针前逐一将珠针取下。

缝合时要注意保证缝份的一致性，这也是保证好的拼布制品的关键。拼接后有一个重要的工作是劈缝(分缝)或倒缝(折缝)，在交叉点的地方尽量采用劈缝(分缝)以防止重叠得太厚。或将交叉点处的缝份翻成风车倒向，劈缝或倒缝后用熨斗烫平(要在拼布的反面熨烫)。

(七)疏缝

将拼接好的表布作为面，然后将衬棉和底布三层依次分别铺好。衬棉和底布要比表布四周大出 2～10cm，采用 2～5cm 的大针脚疏缝，将表布、底布以及衬棉三层固定在一起为压缝做好准备。疏缝时先十字缝再米字缝，后井字缝。当然要根据拼布制品的大小来决定疏缝的形式。疏缝时使用稍粗些的棉白线。这里要强调的是缝合时都是从中心向外缝，一边缝一边将表布、衬棉、里布铺平展。可以将三层在较平的桌面或地面上进行疏缝，用胶带纸先将里布(底布)与桌面或地面固定，然后依次将衬棉和表布展开铺平。如图 5－44 所示。

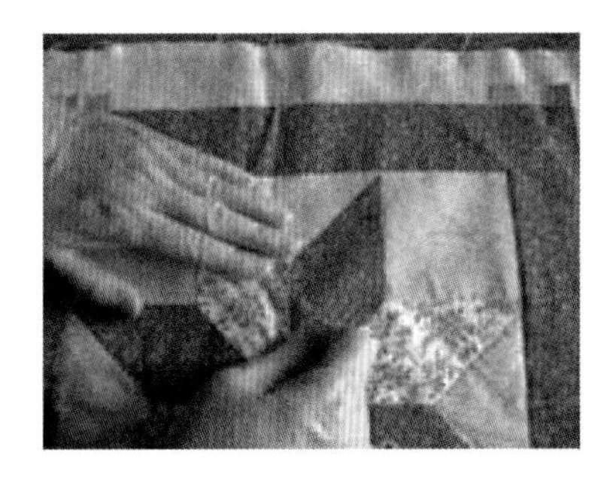

图 5－44 疏缝

(八)压缝

压缝是将疏缝好的各层缝合在一起的过程，是拼布一个很重要而且是不可忽视的一道工序。压缝作用是使表布、底布和衬棉三层结合，并加强拼接处的牢固性。同时由于采用了不同的压缝方式，使缝合出的一些图案又起到了增加拼缝制品立体的视觉效果及装饰性的作用。如图 5－45 所示。

1. 压缝的形式

①简单的压缝：采用内沟缝即基本靠近缝缝，距缝合线为 0.1～0.2cm 或外线缝即距离缝合线为 0.3～0.4cm。如图 5－45 所示，常根据图案大小来确定采用以上哪一种。

②拼缝制品整体采用直线压缝，例如：棋子格、直线、斜线。其中直线压缝的具体方法有外线缝、内线缝、交叉缝。如图 5－46 所示。

③曲线压缝：先将设计好的图案做成模板，在表布拼接好后疏缝以前将图案画在布正面

上，疏缝以后按照画好的图样再进行压线缝制。

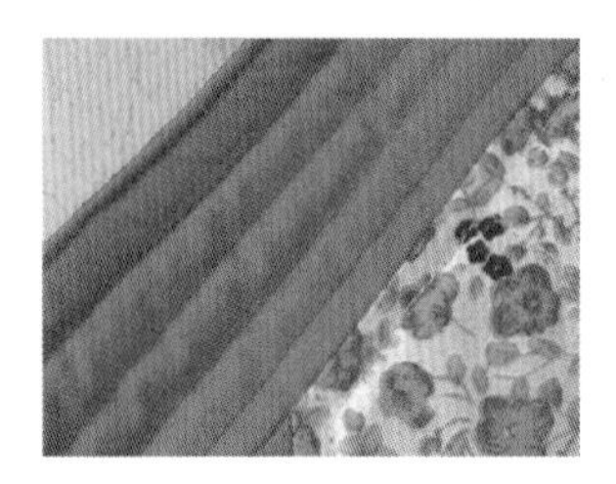

直线压线

沿几何图案压线

曲线压线

棋子格压线

图 5－45　压缝

外线缝

内线缝

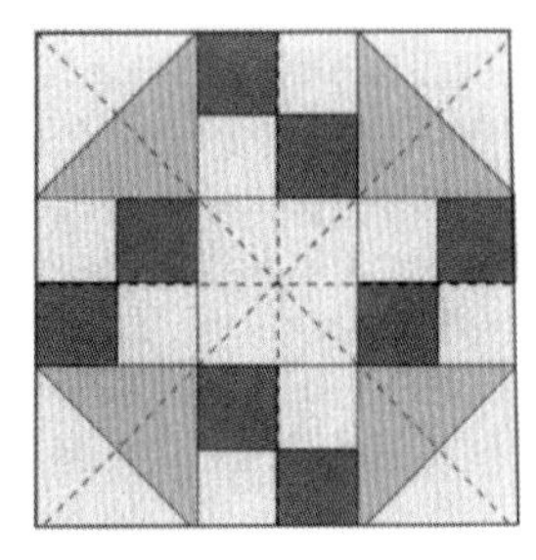

交叉缝

图 5－46　压缝的线迹

2. 压缝方式

压缝分手压缝和机压缝两种。无论手工压缝还是机压缝，压缝针脚均匀，而且平坦为好的压缝。手工压线采用平针缝也称作拱针缝，因此手工压线在作品的表面看到的针脚是不连续的，而机器压线的针脚是连续的，这一点是手工压线和机器压线的最大区别，其视觉效果也不同。

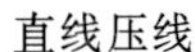

机缝压线针脚是连续的

表布针脚较小的手压缝　　表布针脚较大的手压缝

图 5－47　压缝方式

注：手工压线针脚是不连续的，表布上针脚大，也有表布上针脚大，底布上针脚小，或者表布底布上针脚大小一致。

（九）整体缝制

被盖、床盖、台布等在疏缝、压缝前而拼接成块后在四周再拼接上边框。采用单色布或简单的几何图形拼接。压缝后滚边或压边（即加线绳边）。滚边和压边一定要采用斜条来做，可以用单色或格布裁剪成斜条。在直角过渡处采用折叠方法。如果是制作拼布工艺包，在包面拼接压缝后继续制作包底、包带、包里等。在包里制作拉链口袋、手机口袋等多个实用的口袋。包口处缝合抽带收口布或拉链。在包口或底边处也可以采用滚边的形式以增加牢固度和美观性。

（十）整理、清洗

检查完成的拼布作品，修剪多余线头，再次检查是否有漏掉的线迹，确认无误后清洗作品，最后将洗好晾干的作品熨烫平整。

五、布块拼布步骤

①裁剪面料小块，需要注意的是裁剪前提前在面料上画好裁剪结构线作为裁剪的参照，并在每块布块上标出序号，将裁剪好的同一序号的面料摞在一起，如图 5-48 所示。

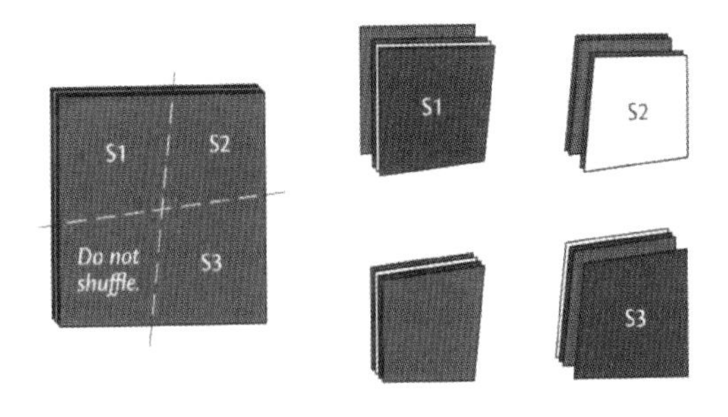

图 5-48 裁剪面料小块

②将裁剪好的小块布料一摞一摞排列好用大头针别好待用。如图5-49A所示。

③分别将标号为 1、2 的小布和标号为 3、4 的小布车缝在一起，用别针别好待用。如图 5-49B所示。

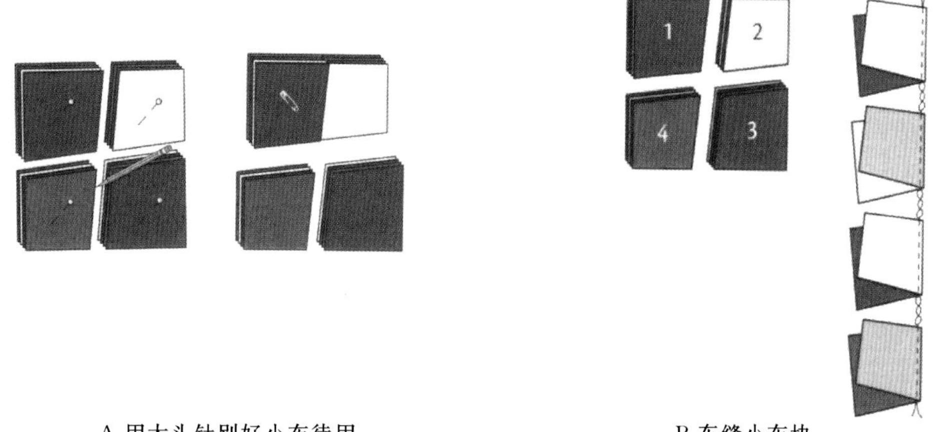

A 用大头针别好小布待用　　B 车缝小布块

图 5-49 裁剪好小块布料待用

④车缝时用强磁定规压脚量好缝份再开始车缝。如图 5－50A 所示。

⑤用拼布专用方形尺在缝合好的拼布小样上量好尺寸，用轮刀裁掉多余的部分，完成一个单元的制作。如图 5－50B 所示。

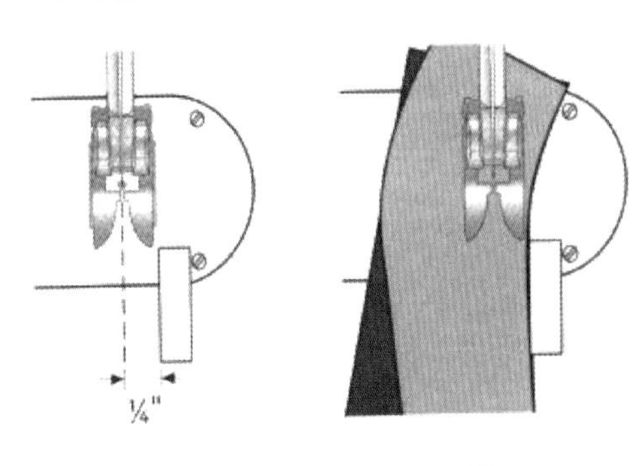

A 缝纫

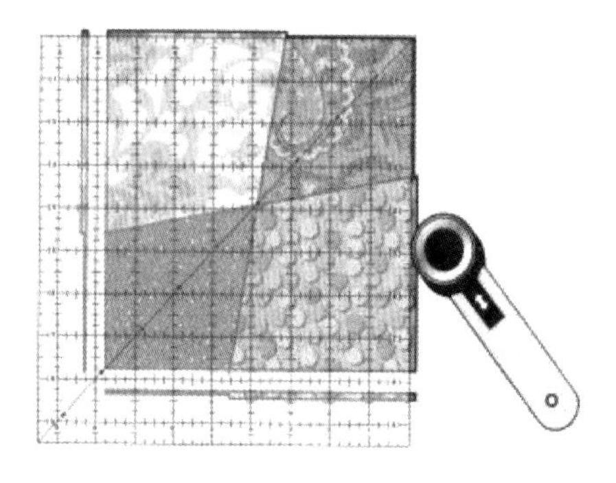

B 裁掉不整齐的边缘

图 5－50　缝合

⑥上缝纫机车缝时不要剪断布与布之间的线段，这样做是为了保证车缝好的小布是连续的，避免布样丢失或者再反复地找布。将缝好的小布翻过来后检查缝份是否倒向一侧。如图 5－51 所示。

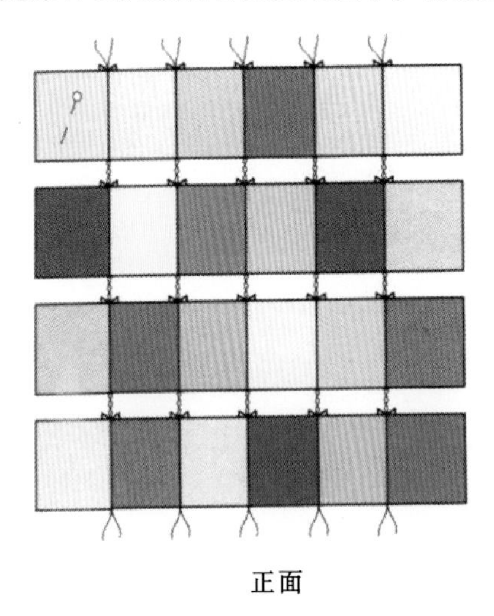

正面

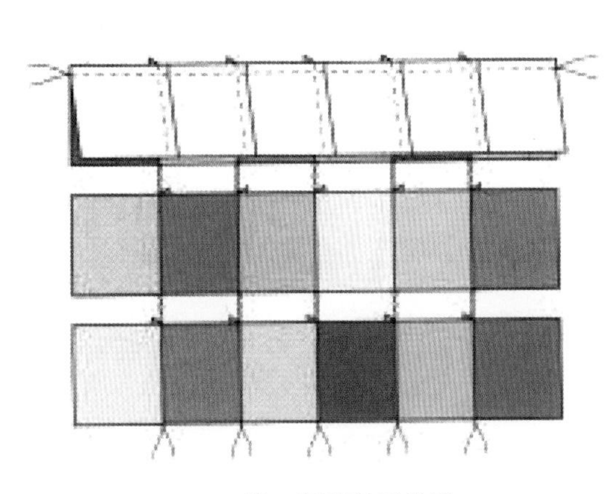

第一行翻转后效果

图 5－51　车缝后连续布样

⑦将缝好的小布进行熨烫，这个过程要保证缝份倒向一侧，一排一排地熨烫。如图 5－52 所示。

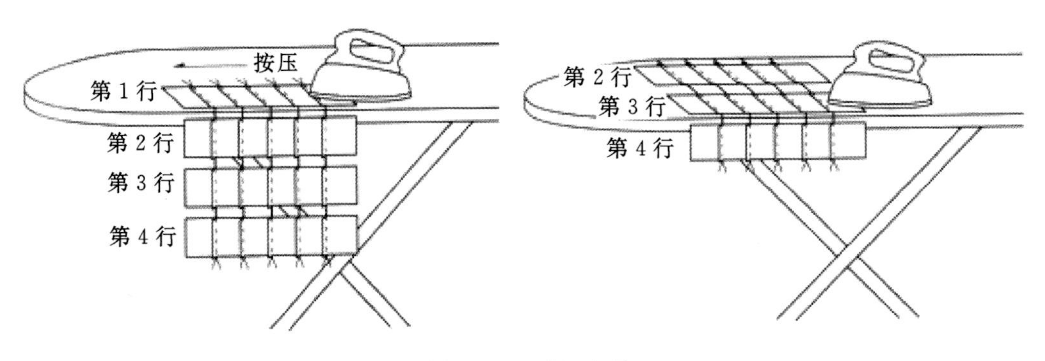

图 5－52　熨烫布样

六、拼布工艺表现图案的实践

【实例 1】

①选择小块面料，确定布样中心面料大小，先排列第一圈小布，注意拼合是角与角衔接处要有一定的搭合量，一周车线后将多余的布料减掉，如图 5－53 所示。

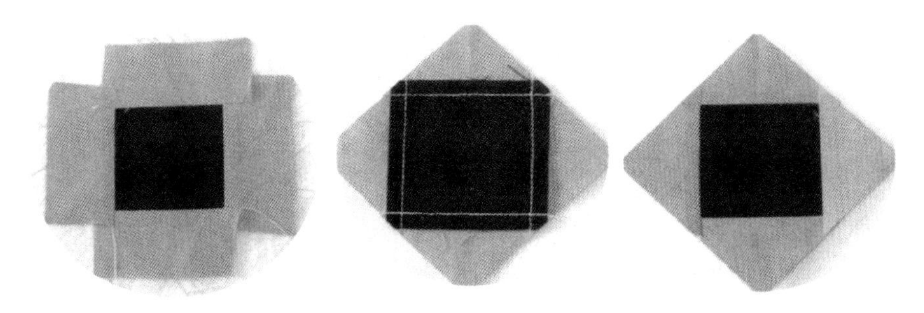

图 5－53　确定布样中心面料排列第一圈

②以同样的方法按照数字排序一圈一圈地拼好剩余的小布块，如图 5－54A 所示。

③用拼布专用尺在拼好的小布上量出一个单位的小样，剪掉多余的布边，如图 5－54B 所示。

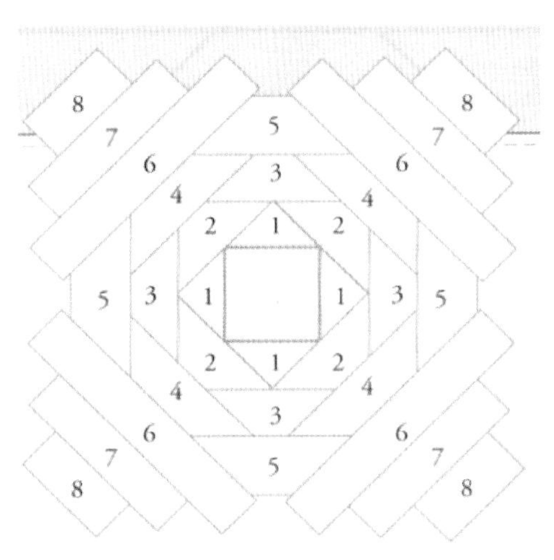

A 布料排序图

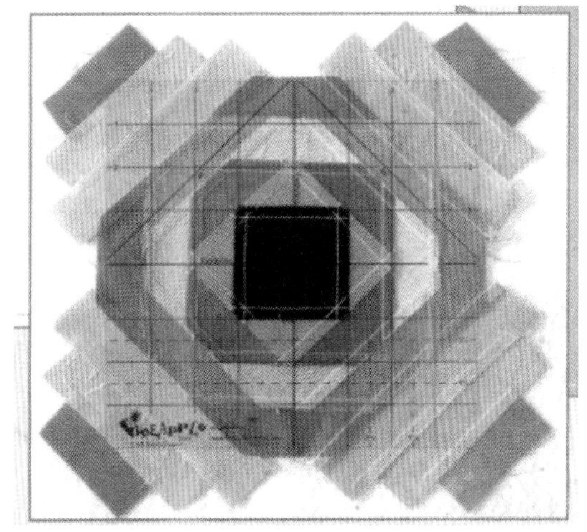

B 剪掉多余的布边

图 5－54　拼布

④小块拼布最终效果如图 5－55 所示。由小块拼布组成的大块效果如图 5－56 所示。

图 5－55　小块拼布的最终效果

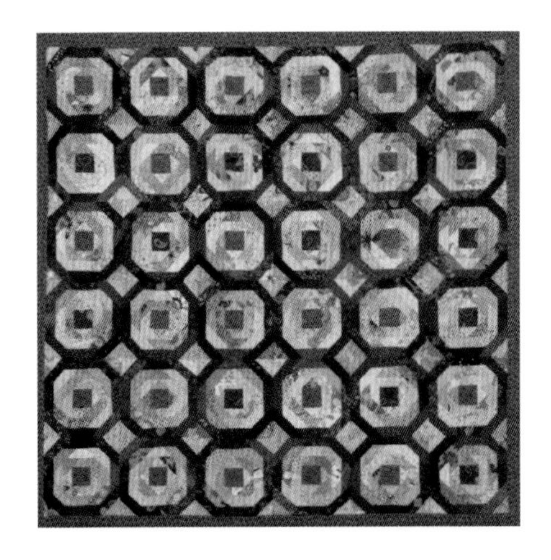
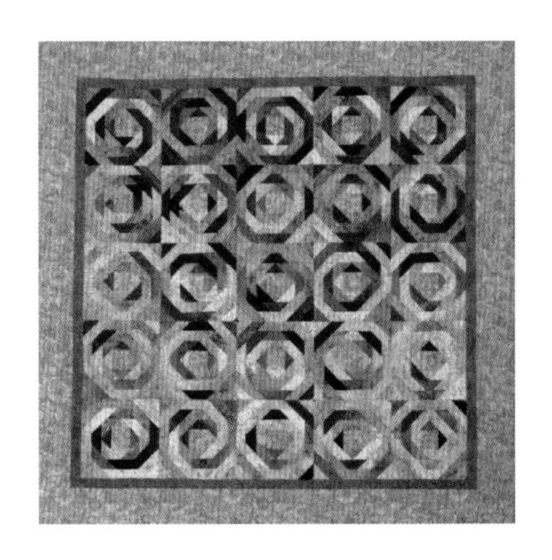

图 5－56　由小块拼布组成的大块拼布效果

【实例 2】

①在纸上画出设计草图，如图 5－57A 所示。

②将草图拓印在底布上，标出各个部位要使用的布料标号备用，如图 5－57B、C 所示。

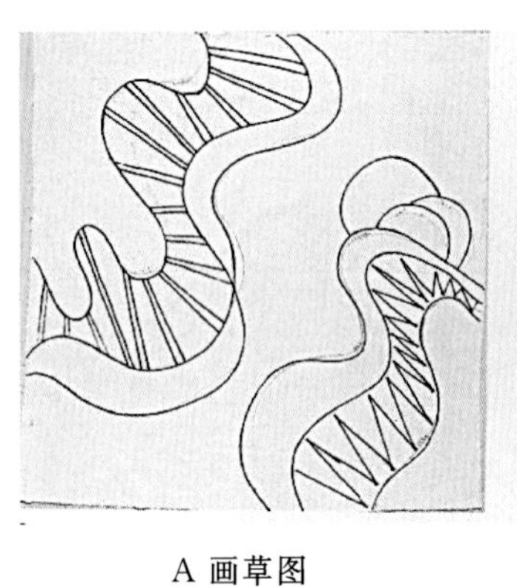
A 画草图

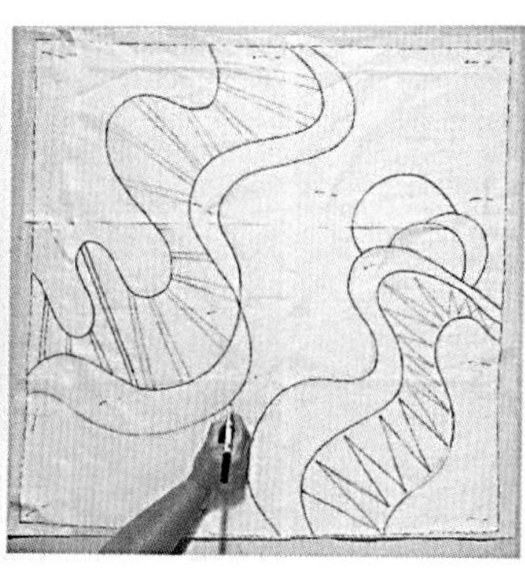
B 拓印草图

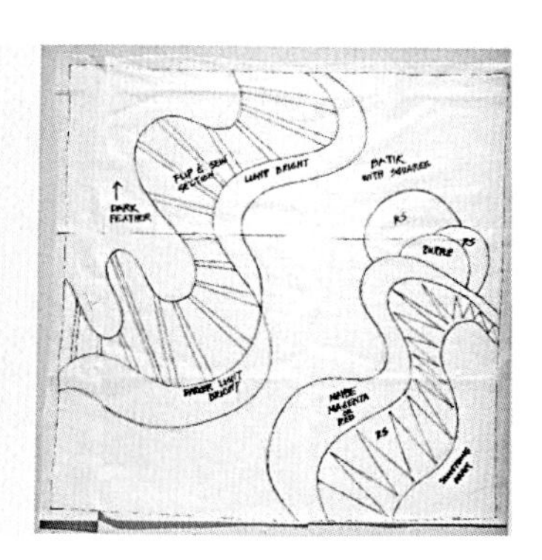
C 标号备用

图 5－57　画出设计草图

③在画好图案的底布上一点一点排列上选好的小布，用珠针将小布块别好固定，再把两片别在一起的小布块缝合好，最后减掉多余的布边。如图 5－58A、B 所示。

④在画锯齿形图案的地方，用同样的方法将配好色的小布块拼接起来，如图 5－59 所示。

⑤车缝之前用珠针别好，先用手工缝纫拼接处，如图 5－60 所示（可以采用三角针法或绗缝法缝合）。

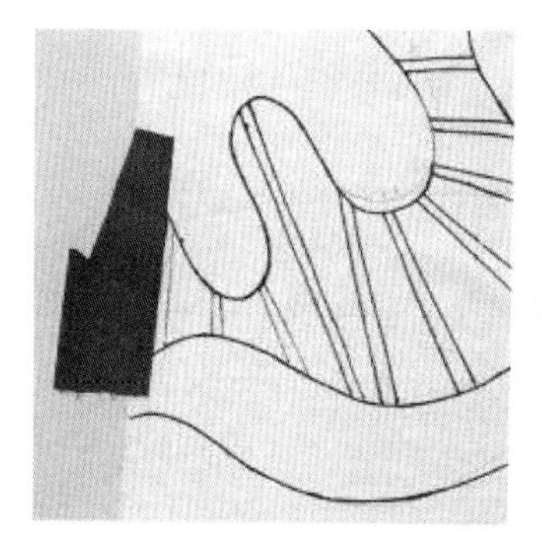
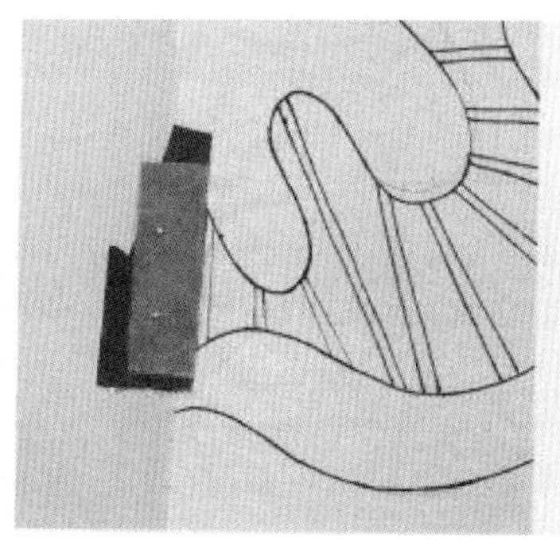
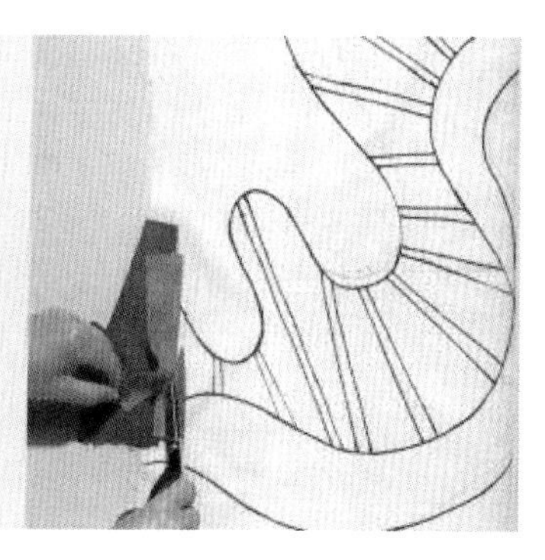

A 排列选好的小布，用珠针别好固定

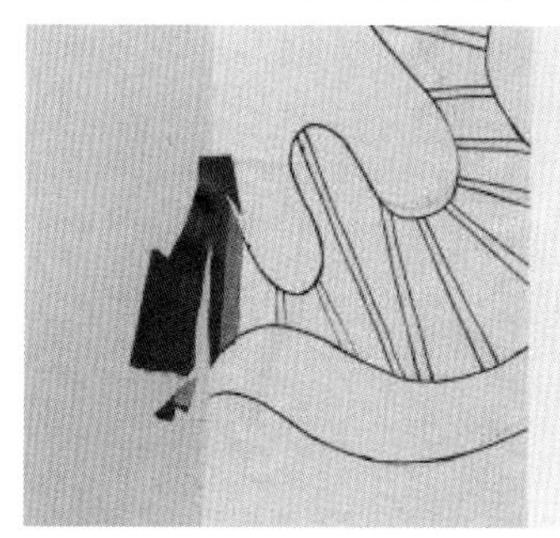
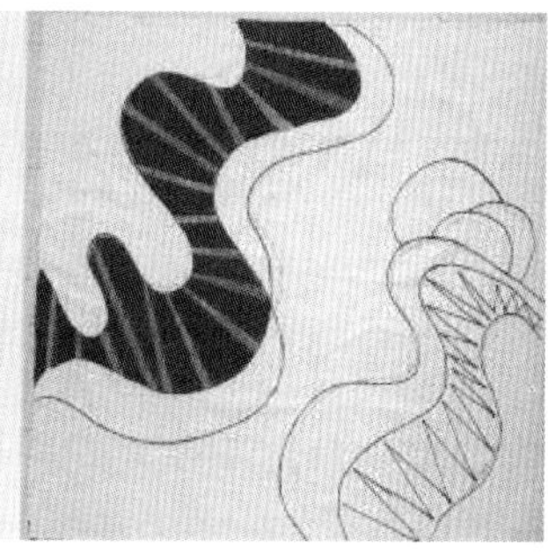

B 裁掉多余的部分

图 5－58　固定小布块

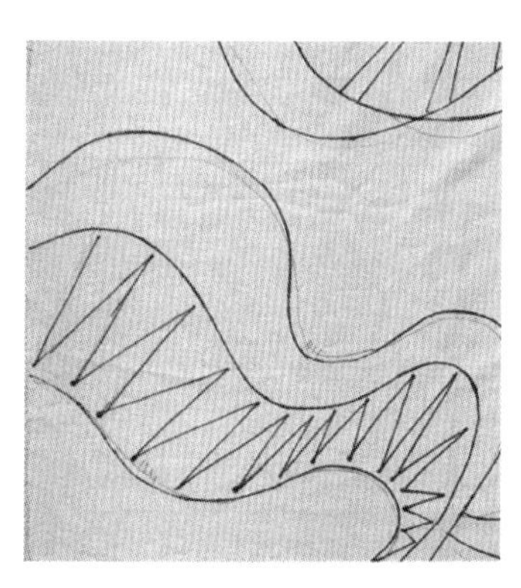
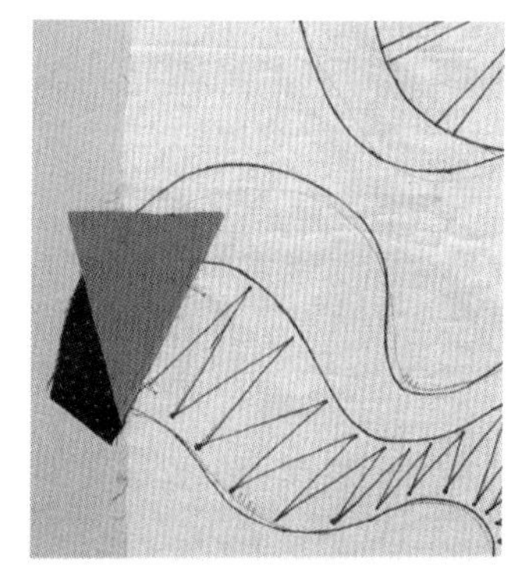

图 5－59　将配好色的小布块拼接起来

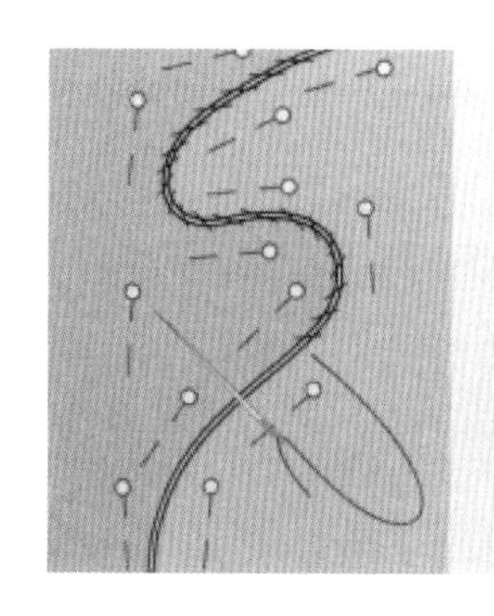
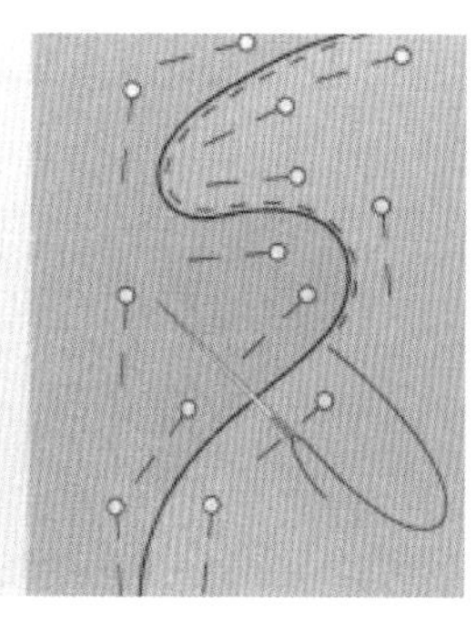

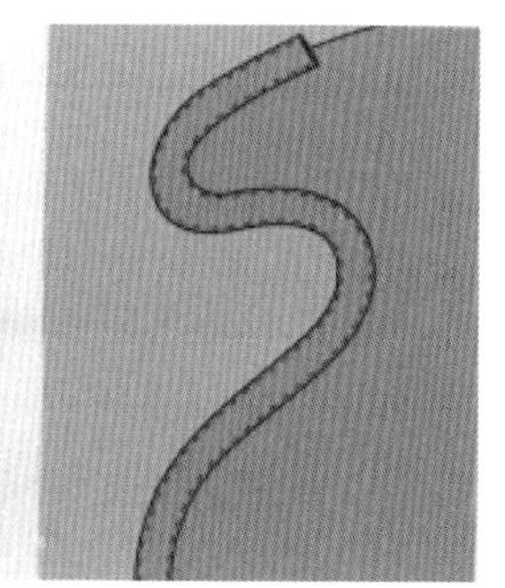

图 5－60　车缝

⑥熨烫压条：准备贴条布，按中间的标记线将两侧布边向内叠，对叠处一面的布边稍微压住另一边的布边，用珠针固定，如图 5 - 61 所示。

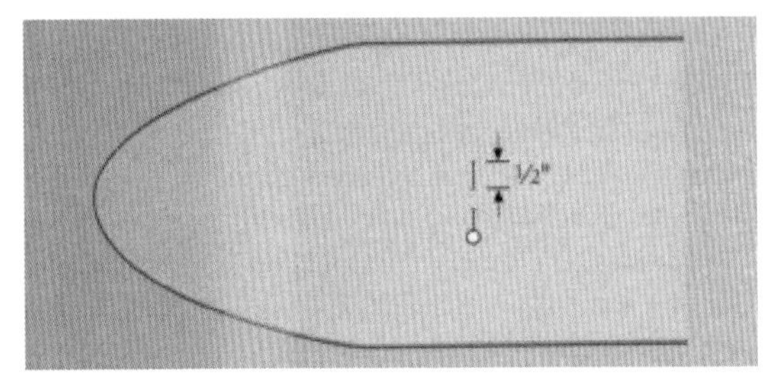

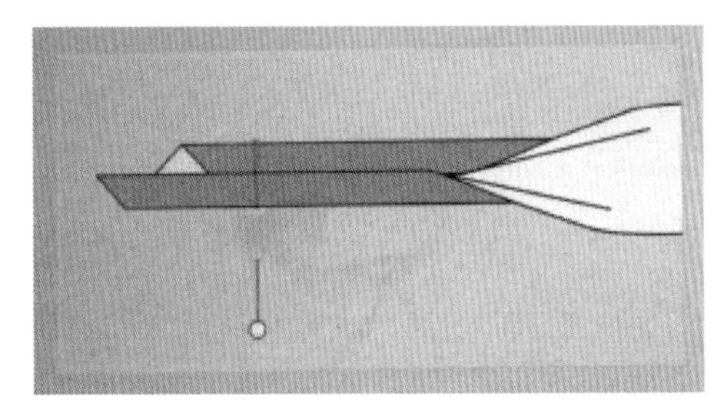

图 5 - 61　翻折布边

⑦将折叠好的压条用手拽一拽，让布条均匀服帖，形成一条均匀的直线，整理好大概十厘米左右，一边拽一边整理，用熨斗烫压，如图 5 - 62 所示，反复多次这个过程，直到熨烫好整根压条。

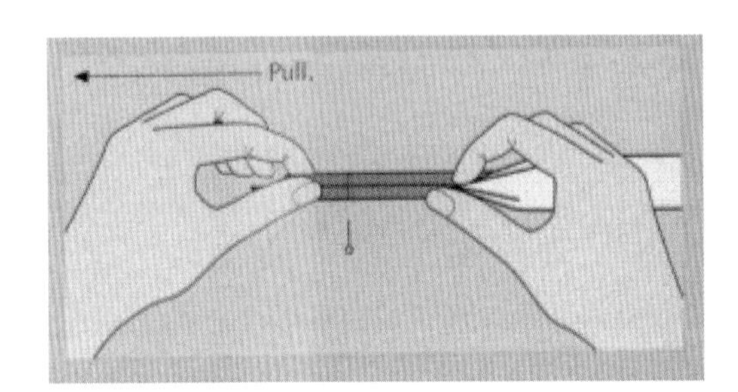

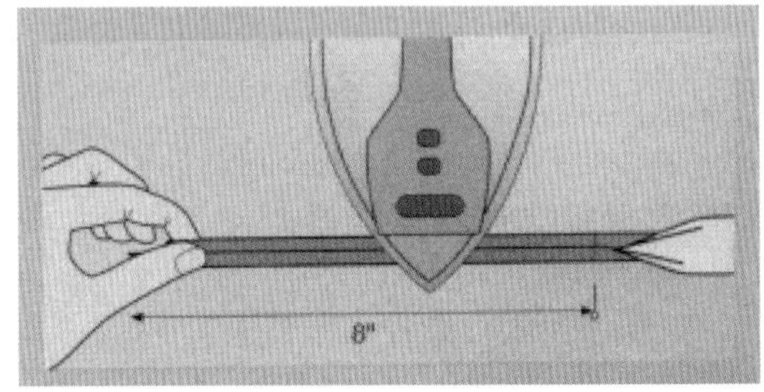

图 5 - 62　熨烫压条

⑧用熨烫好的布条压在接缝处，用珠针别好后车明线把压条固定在拼布的接缝处，如图 5 - 63所示。

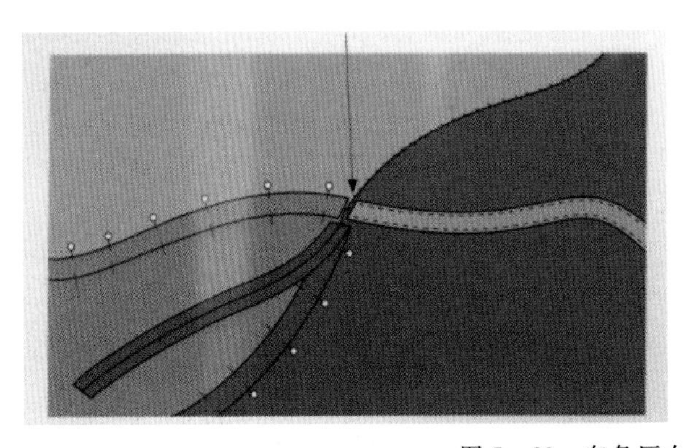

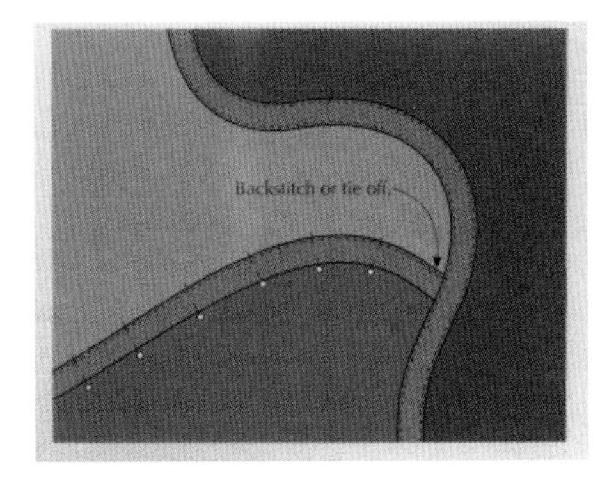

图 5 - 63　布条压在接缝处

⑨最终效果见图 5－64 所示。

图 5－64　拼布工艺表现图案的效果

【实例 3】创意拼布表现图案（作者：李佩欣）

①准备工具：软陶泥、棉线，布、各种辅助小工具，如图 5－65 所示。

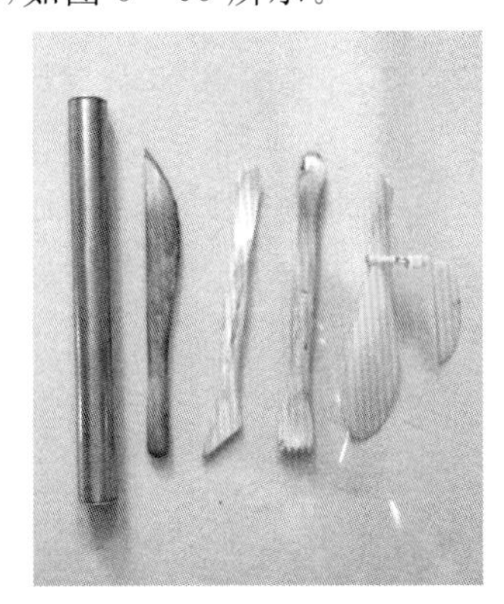

图 5－65　准备工具

②软陶泥放在准备好的三合板（或密度板）上，用金属圆棒擀平，平均厚度大概 1 厘米，如图 5－66 所示。

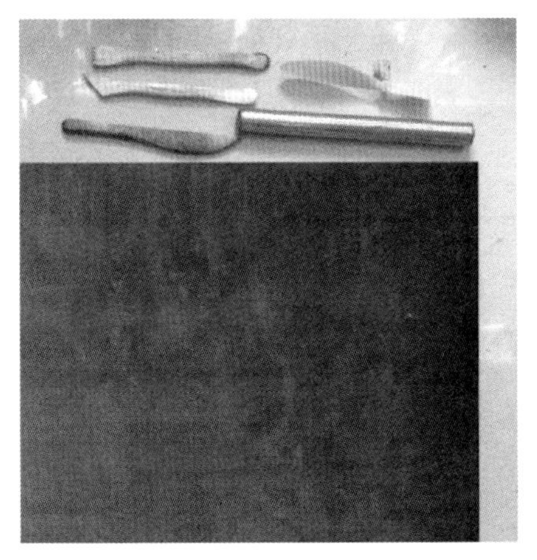

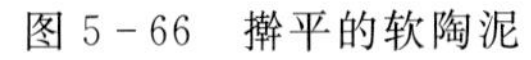

图 5－66　擀平的软陶泥

③将打印好的图案(图 5－67A)以颜色不同为界，划分好区域后剪开，平展按原型排列好位置，如图 5－67B 所示。

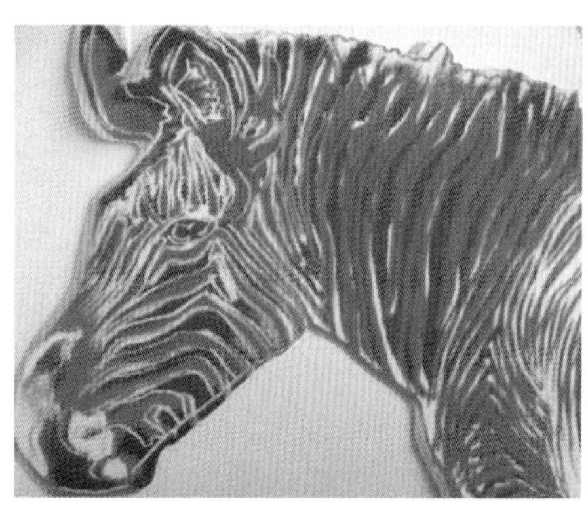

A 图案

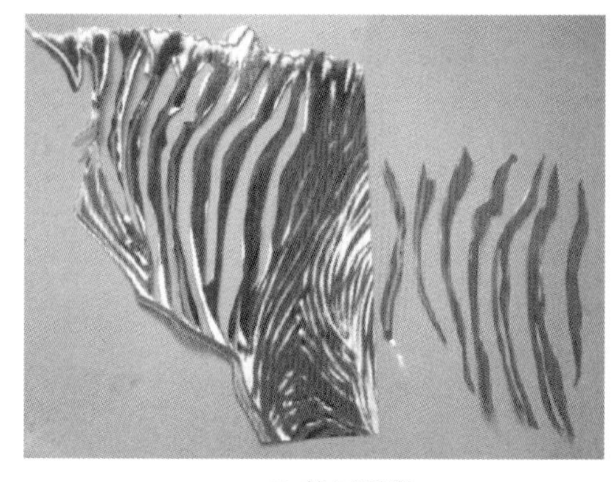

B 剪开图案

图 5－67　图案准备

④准备与图案颜色对应的红色面料，按照纸样把布料裁剪好，注意剪布料时要留缝份(约 0.5～0.8 厘米)，这个余量是制作时往软陶缝隙里塞的量。需要注意的是，有些图案的纸样比较复杂，裁剪的部分数量多，面积小，曲线变化丰富，制作难度较大。遇到这样的问题，制作者要做好一边修改，一边制作，一边创意的准备。也就是说，同一个图案纸样由不同的人来做，最终得到的效果可能是不同的。

⑤把裁剪好的布样整体平铺放在擀好的软陶泥上，这个过程要注意图案在软陶泥上的构图位置；然后用边缘类似油画刀一样的工具将布边 0.5～0.8 厘米的边缘塞进软陶泥缝隙里，如图 5－68A 所示。

⑥图案中黄色和白色的部分用粗棉线制作，把棉线放在软陶泥上，用尖一点的工具将棉线按到软陶泥里，使之牢牢地固定在软陶泥上，如图 5－68B 所示。

A 沿着图案边缘将布固定在软陶泥上

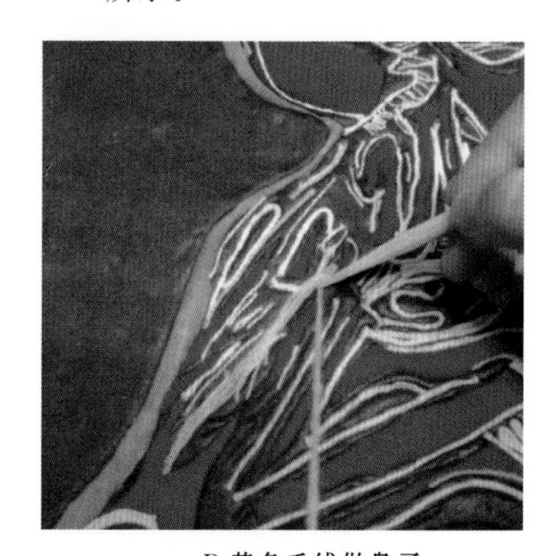

B 黄色毛线做鼻子

图 5－68　制作图案

⑦创意拼布表现独立式图案如图 5-69 所示。

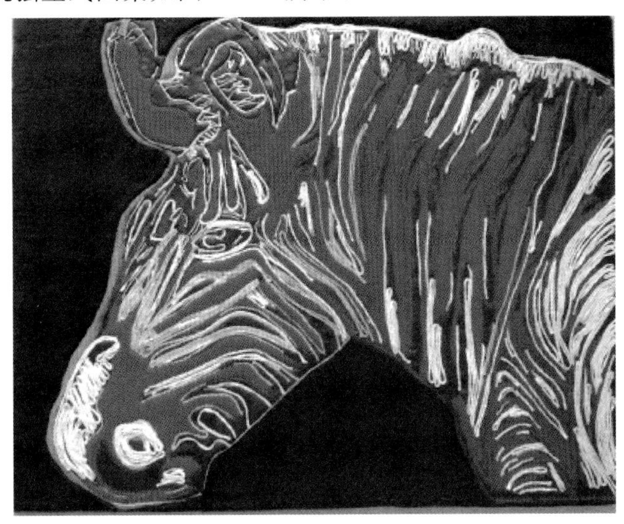

图 5-69 创意拼布表现独立式图案

实训拓展

真正艺术性拼布作品并不是简单地将各种布块进行裁剪缝合。在拼布过程中，拼布者需要展开无尽的想象力、创意的发挥加上娴熟的手工艺，要让不同的布料结合紧密，颜色搭配协调，这般浑然天成的拼布作品可超出实用的日常生活品的内涵，成为一件极具观赏和审美价值的"生活艺术品"。

创意拼布作品

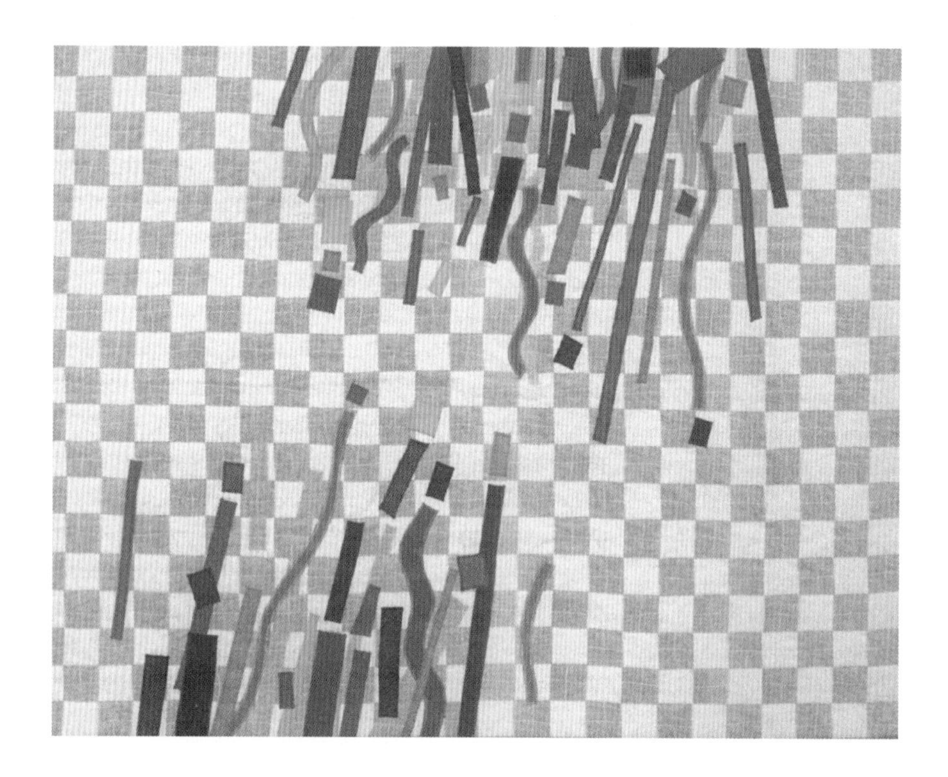

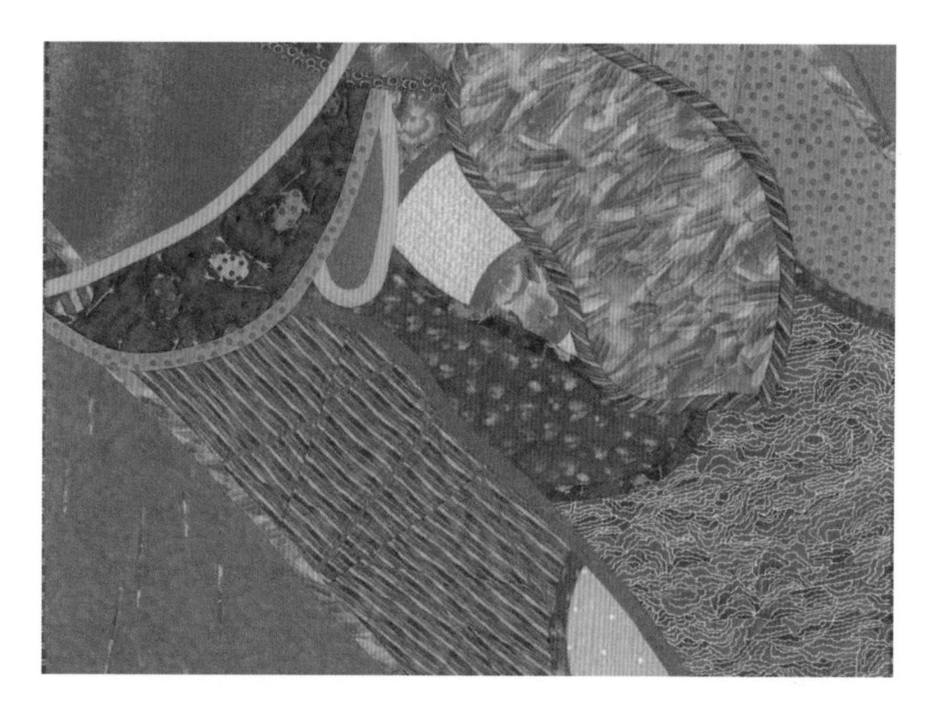

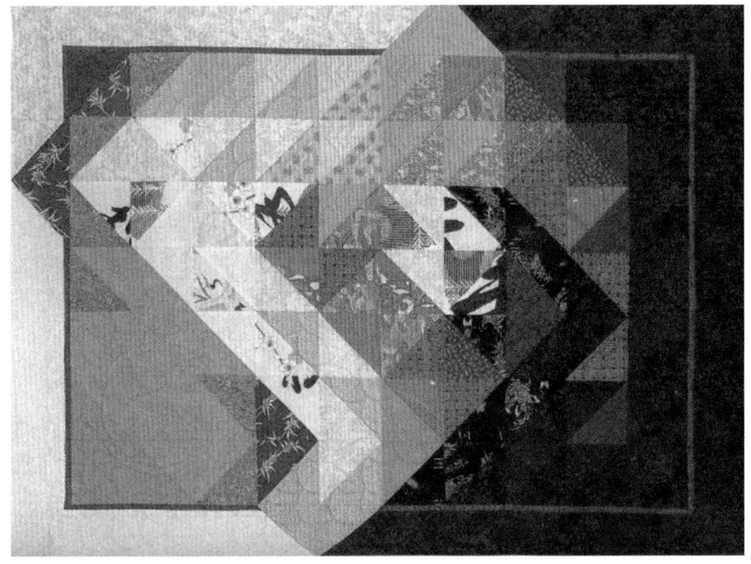

作业与思考

1. 发挥想象力和创造力，探讨用创新的拼布工艺和材料来表现服饰图案。

2. 采用拼布工艺手法制作一系列服饰配件(例如：包、手套、围巾)。

要求：选材丰富，成品有混搭效果，尝试多种工艺手法，一系列作品的风格要统一，但品种可以多样化。

规格：成品尺寸自定，以能充分表达作品工艺和风格为宜。

第四节 丝带绣工艺表现服饰图案的实践

一、丝带绣工艺

丝带绣是用色彩丰富、质感细腻的缎带为原材料，在棉、麻布上，配用一些简单的针法，绣出的立体绣品。丝带绣的刺绣针法与普通丝线绣的针法相同，但其效果又与丝线绣不同，丝带绣的效果粗犷，立体感强，适合绣晚装、毛衣、靠垫及各种装饰画等。

二、丝带绣工具准备

丝带绣用的工具主要有：①丝带、②细绣线、③粗绣线、④布料、⑤丝带绣绣针、⑥丝线绣针、⑦绘图纸、⑧可消笔、⑨复印纸、⑩剪刀等。如图 5－70 所示。

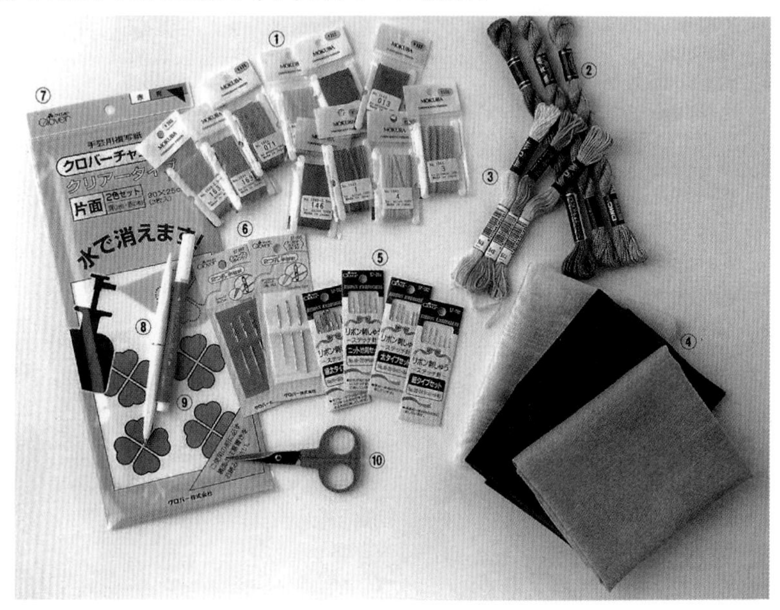

图 5－70 工具准备

注意事项：

（1）丝带绣在绣制时最好保持丝带的自然松紧状态，丝带拉得太紧容易使绣布发皱变形，缺乏灵气。丝带放得太松也不合适，在丝带绣成品的使用过程中容易被刮起丝影响美观。

（2）在绣制丝带绣的程中要避免针法错误，绣布背面不宜相互直拉，否则会造成丝带过于浪费，以致无法完成绣品。在绣制丝带绣时最好掌握针不管从哪里入尽量从旁边出来的方法，这样可以节约丝带的用量。剩下来的丝带不要丢掉，积攒起来可以用来发挥自己的想象力创造其他丝带绣作品。

（3）绣制过程中要避免针法错误（在底布背面相互直拉的距离过远），否则会造成丝带不够及过于浪费，以致无法完成绣品。

(4)刺绣时,注意缎带的正面与反面(光泽度好的为正面,无光泽的为反面),一般情况下都是正面朝上,除非设计者想要略显粗糙的亚光效果,否则体现不出丝带绣的华丽!

(5)不应一味图速度,在绣时动作太快或用力过大,特别是在穿入底布后,拉紧丝带成形时,避免花叶变形及底布发皱。

(6)丝带在背后打结后再用打火机轻烧一下即可(注意特殊布料要小心处理),注意结头尽量要小,结头过大可能会影响效果。

三、丝带绣基础针法

(一)准备工作

①将白纸、复印纸、面料按顺序依次排好,用珠针一起别好固定,在白纸上画上花型图案,如图 5-71 所示。

②将绣带穿过针鼻,再从绣带中穿过,把针和绣带固定在一起,如图 5-72 所示。

③绣带另一端打结,如图 5-73 所示。

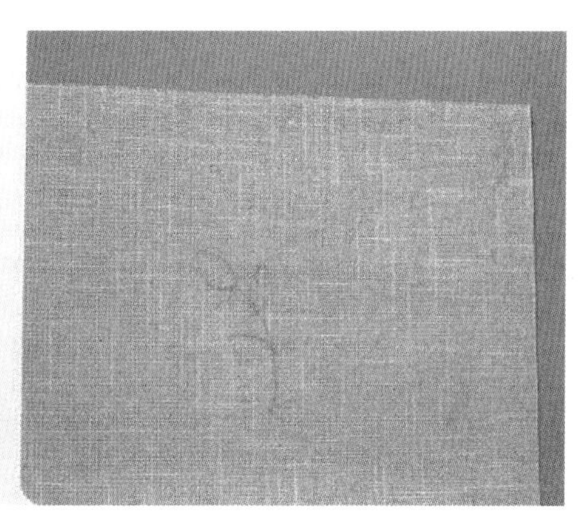

图 5-71 设计图

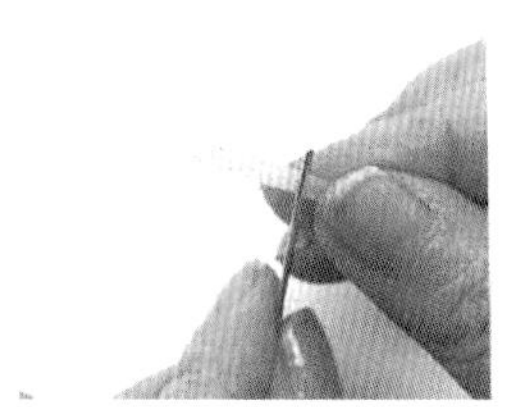
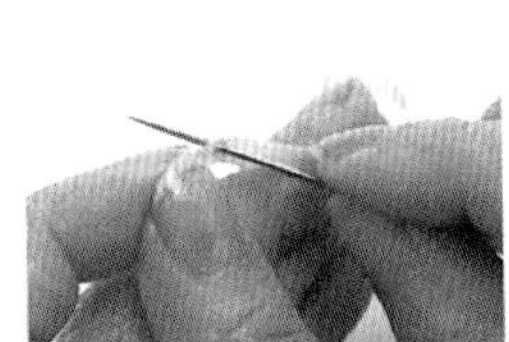
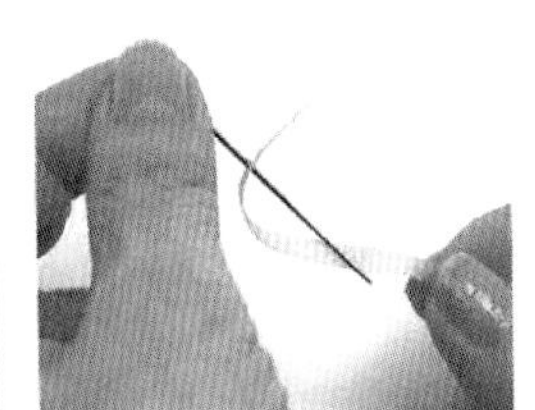
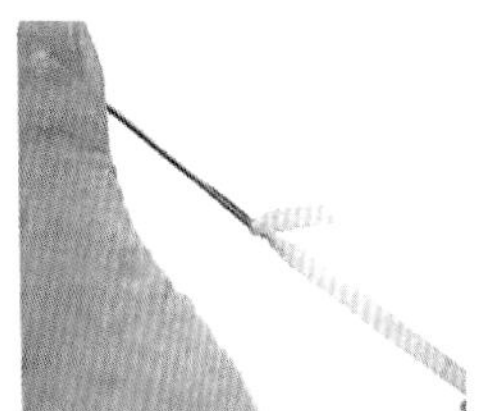

图 5-72 绣带固定

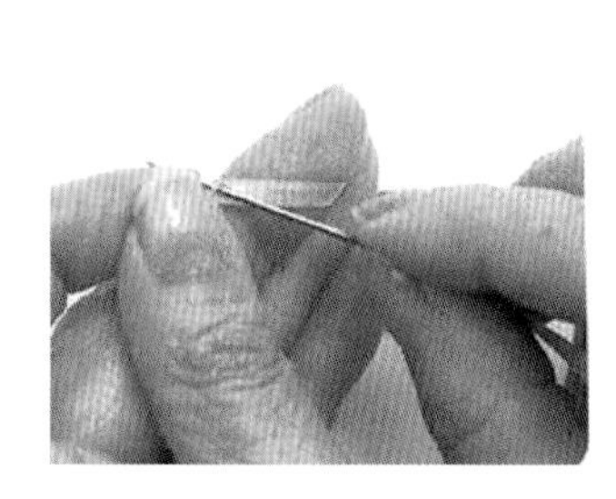
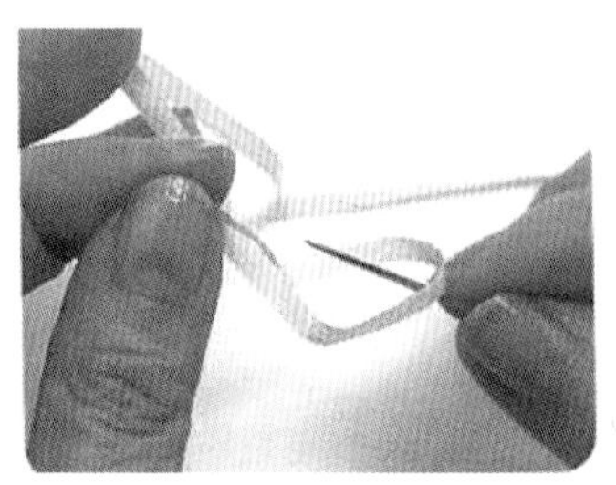
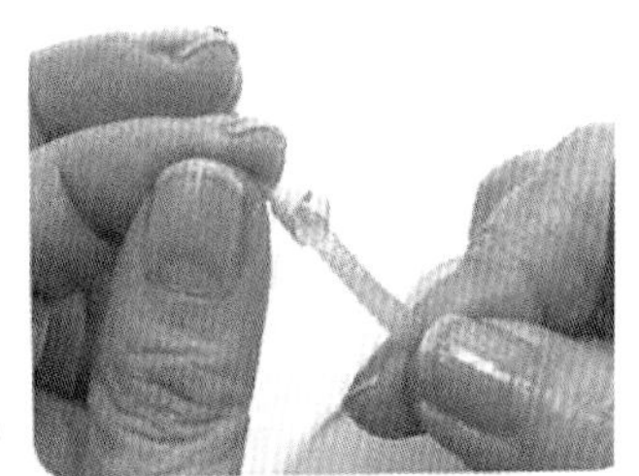

图 5-73 绣带打结

（二）基本针法

1. 错位连接针法

针从 1 点穿出，将丝带平展，针尖顶住 2 点穿进，针尖从布的背面（丝带打结之前处）穿进，完成一针。第二针如图 5－74 所示，针尖从丝带旁边的位置穿出，形成错位连接图案，背面再进行整理如图 5－75 所示。

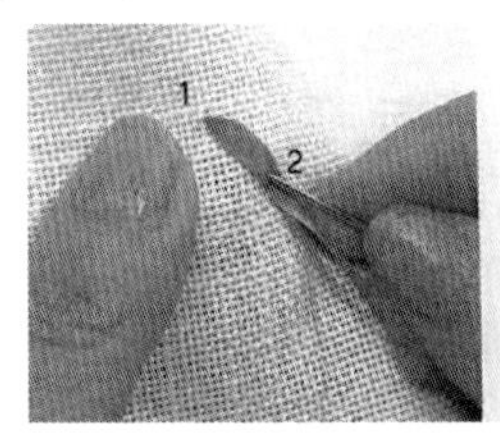

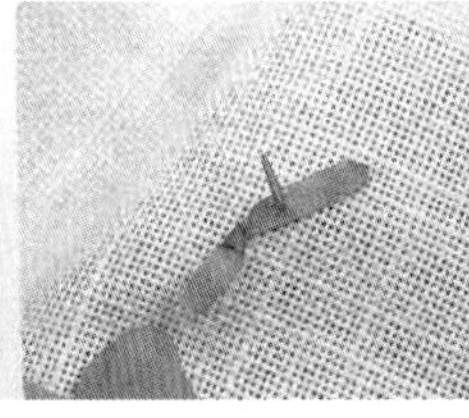
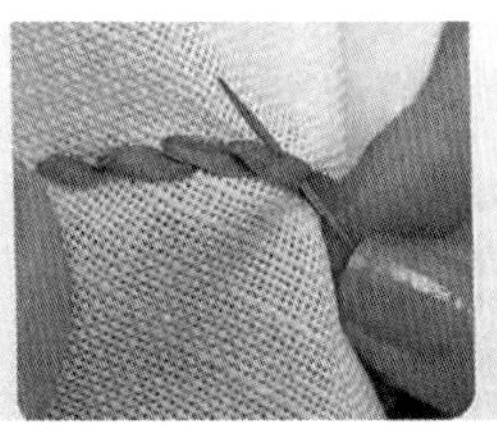
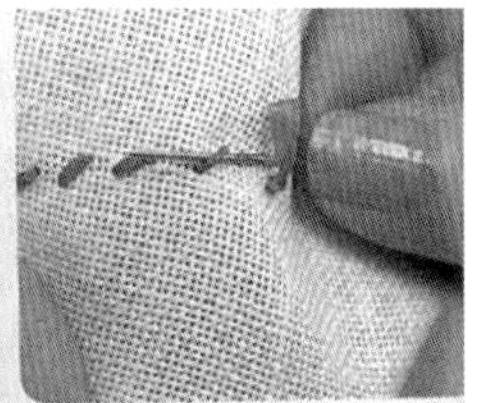

图 5－74　错位连接针法

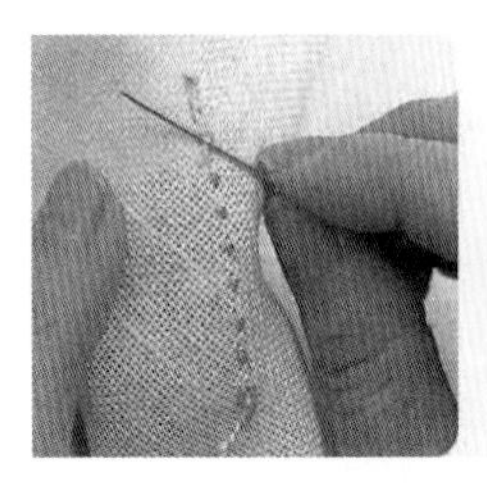
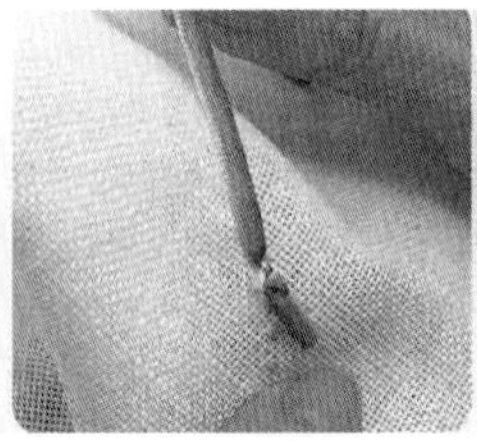

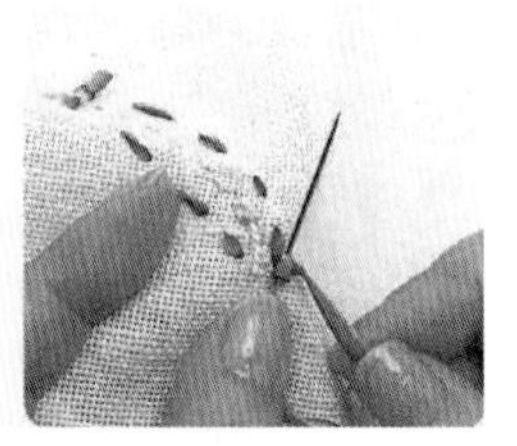

图 5－75　背面整理

2. 麦穗针法

先用绣带绣出麦穗中间的茎，再开始绣麦粒，绣好一部分后在丝带绣背面做整理及固定，如图 5－76 所示。

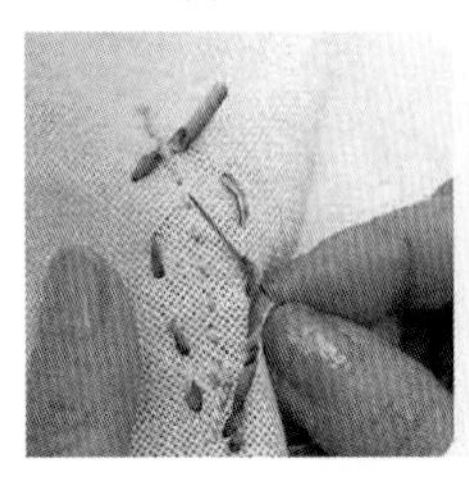
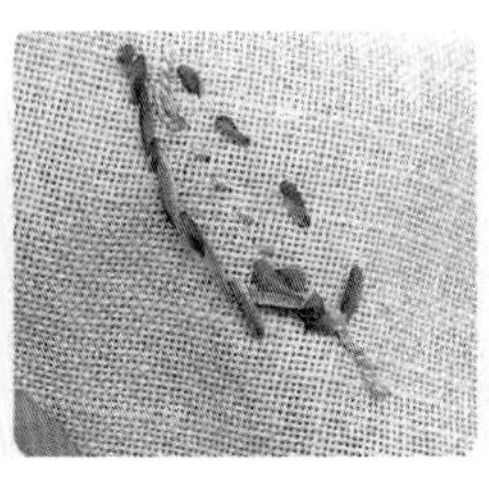
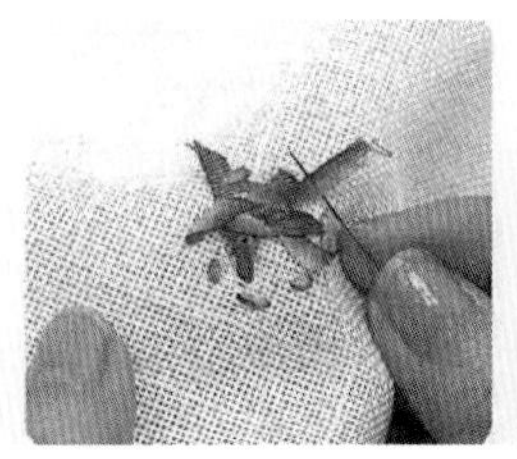
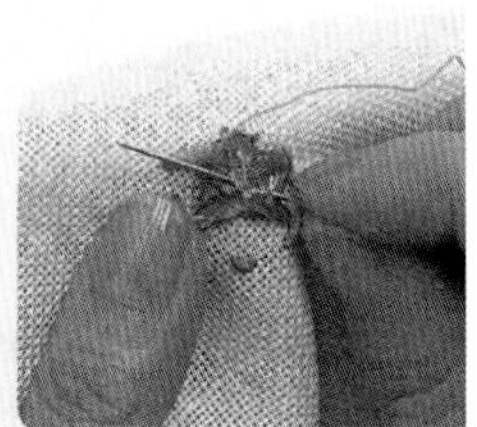

图 5－76　麦穗针法

3. 背面入针的丝带绣针法

背面入针的丝带绣针法，从正面看形成小线圈，如图 5－77 所示。

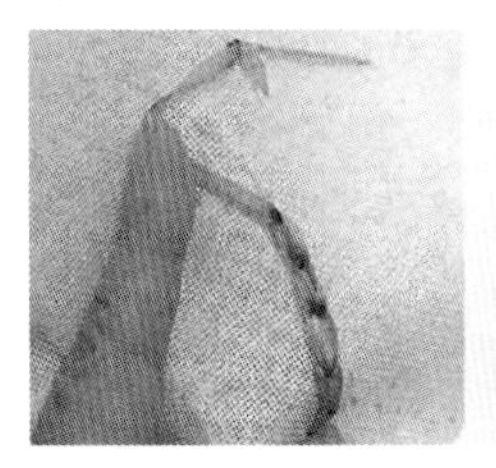
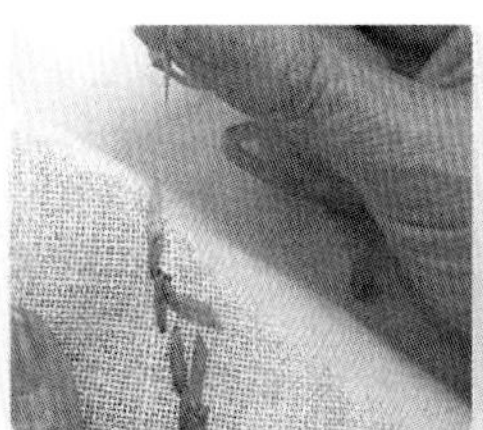
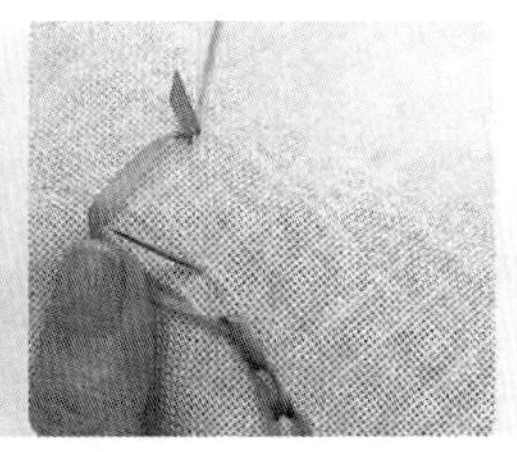
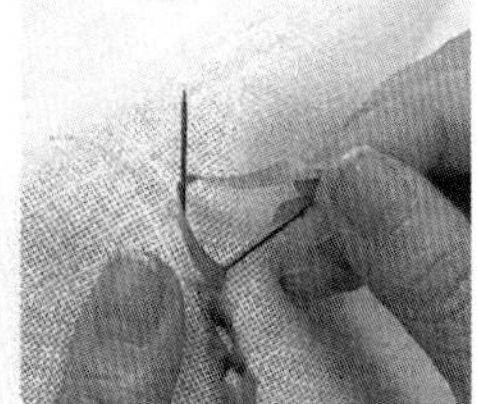

图 5－77　背面入针的丝带绣针法

四、丝带绣变化针法(图 5－78)

图 5－78 中是六组丝带绣的针法实物展示，这六种针法的花型图和解析图在下面图 5－79 至图 5－84 中有具体说明。

图 5－78　丝带绣变化针法

1. 第一种针法(图 5－79)

花型图

图 5－79(1)　第一种针法图

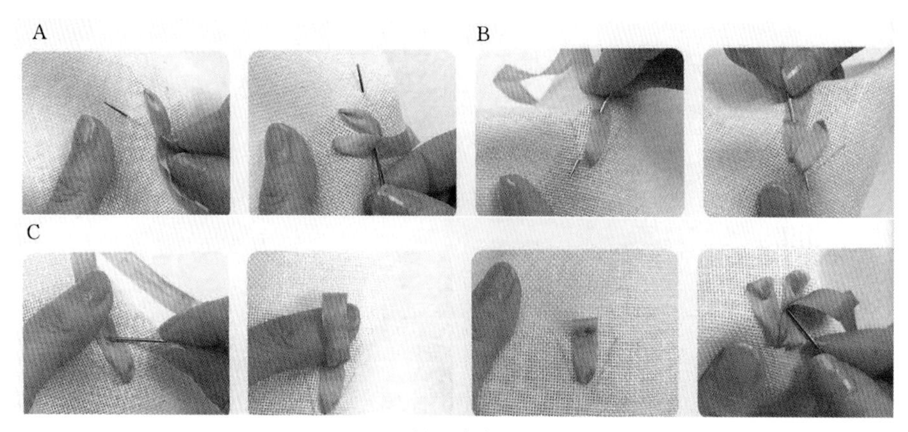

针法解析图

图 5-79(2)　第一种针法图

2. 第二种针法(图 5-80)

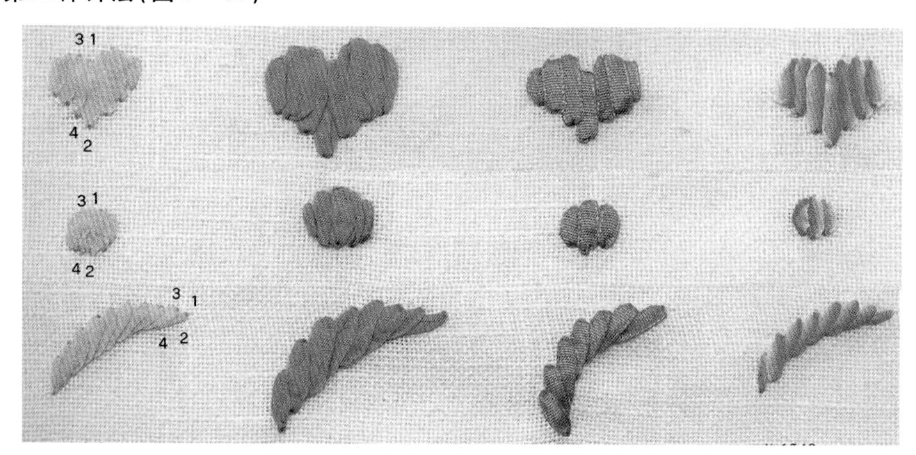

花型图

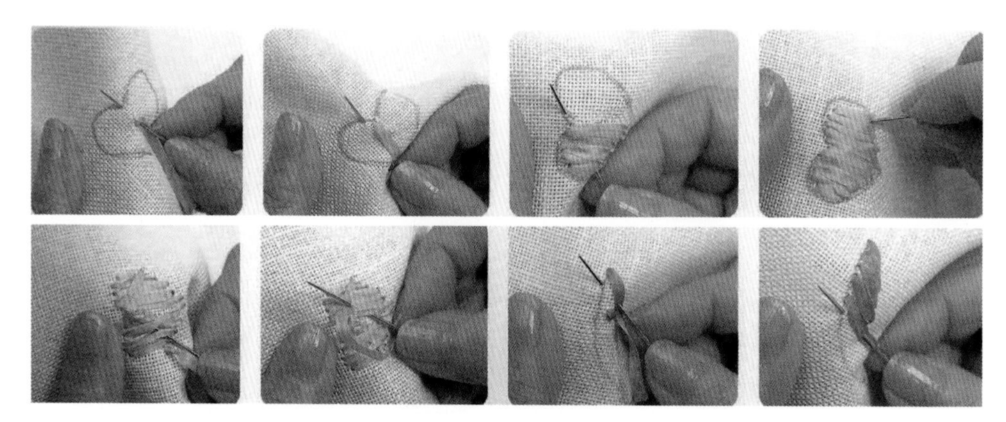

针法解析图

图 5-80　第二种针法图

3. 第三种针法(图 5－81)

花型图

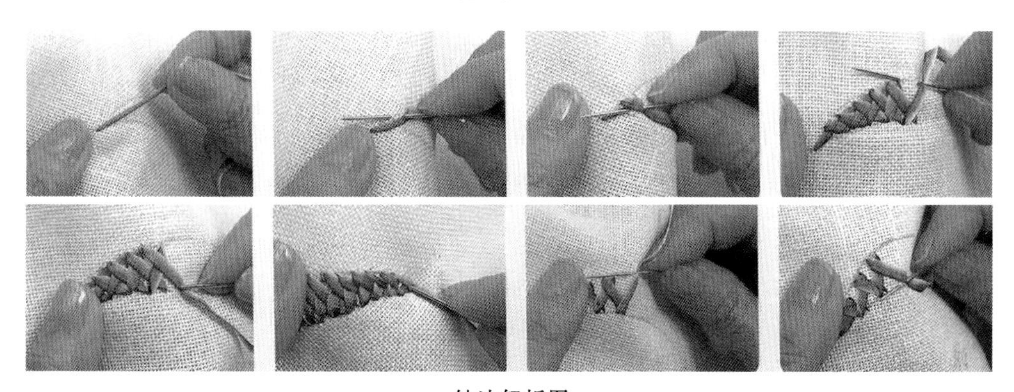

针法解析图

图 5－81　第三种针法图

4. 第四种针法(图 5－82)

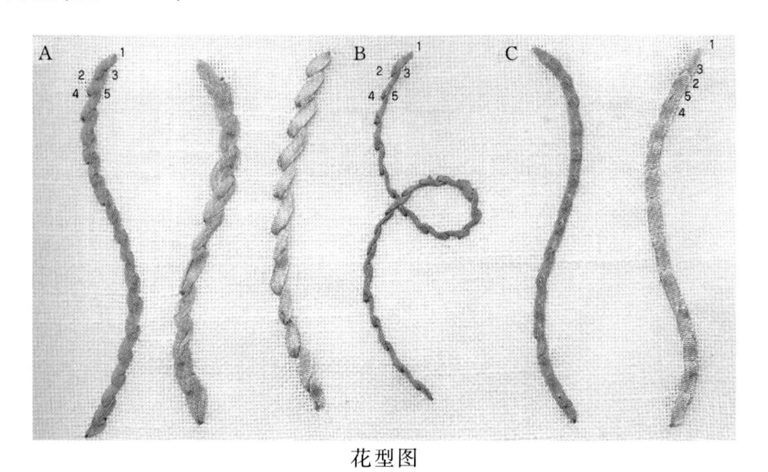

花型图

图 5－82(1)　第四种针法图

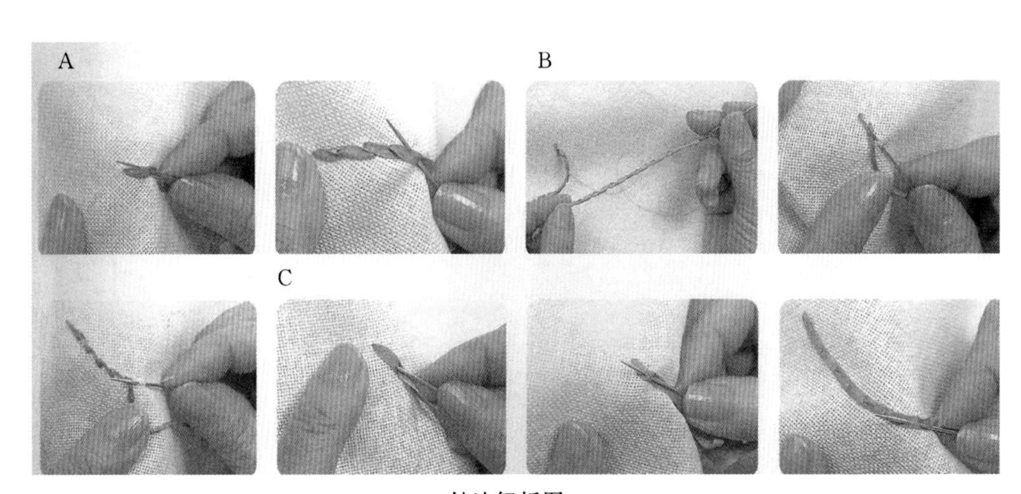

针法解析图

图 5－82(2)　第四种针法图

5. 第五种针法(图 5－83)

花型图

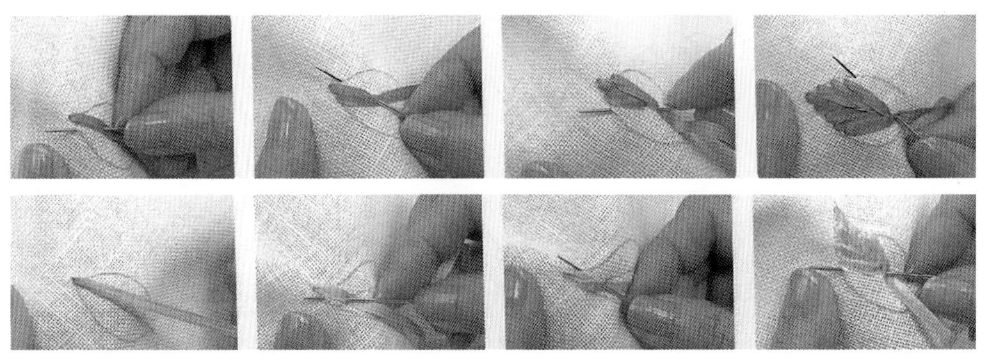

针法解析图

图 5－83　第五种针法图

6. 第六种针法(图 5－84)

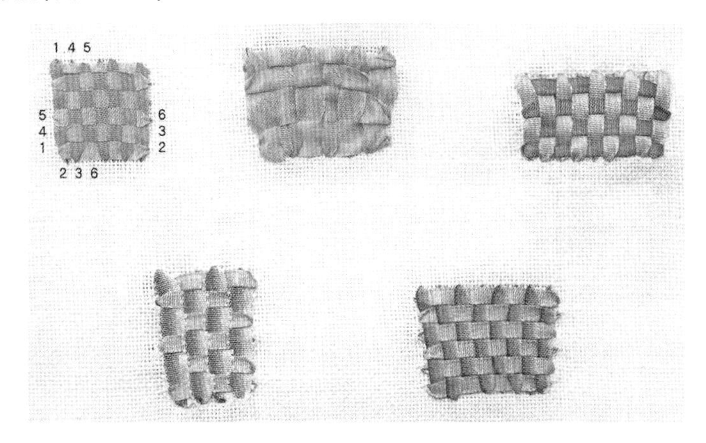

花型图

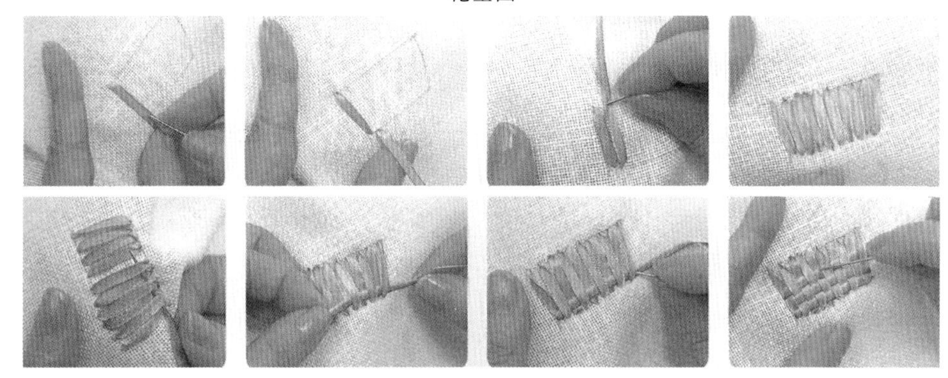

针法解析图

图 5－84　第六种针法图

【实例】创意绳编表现图案的实践(作者:孔希)

①灵感来源于松树枝,灵感示意图见图 5－85A 所示。

②图案选择的是变形的向日葵,如图 5－85B 所示。

A 灵感来源于松枝

B 变形的向日葵

图 5－85　灵感来源

③丝光线、大头钉、kt 板、泡沫胶、厚帆布，如图 5 - 86 所示。

图 5 - 86　准备工具

④用可消笔或划粉在厚帆布上画出图案草稿(或者用有色铅笔)，如图 5 - 87A 所示。

⑤用珠针沿着图案边缘的位置固定(珠针的间隔要均匀，两颗珠针之间的间隔大概是 1～1.5 厘米)，再用丝光线以珠针为固定点开始缠绕。如图 5 - 87B 所示，要注意的是为了保证制作顺利进行，缠绕时需选择一种颜色的线，在图案的一个区域内反复缠绕，这种颜色的线完全缠好后再换另外一种颜色的线；再在另外一个区域内重复缠绕的动作，切不可一种线没缠完就换另外一种线。

A 在布料上画草图

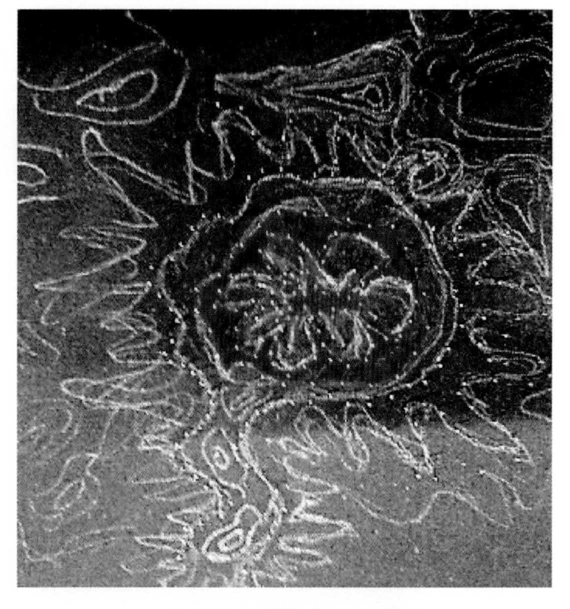

B 用丝光线绕大头针缠绕

图 5 - 87　图案制作过程(1)

⑥线圈多次缠绕后，慢慢出现图画的轮廓，如图 5－88A 所示。

⑦缠绕过程中要一边制作，一边把握丝光线颜色的搭配，由于缠绕是为了增加图案的立体效果，每种颜色的线缠绕时距离面料的距离都不相同，这样能产生一种凸凹有致的层次感，如图 5－88B 所示。

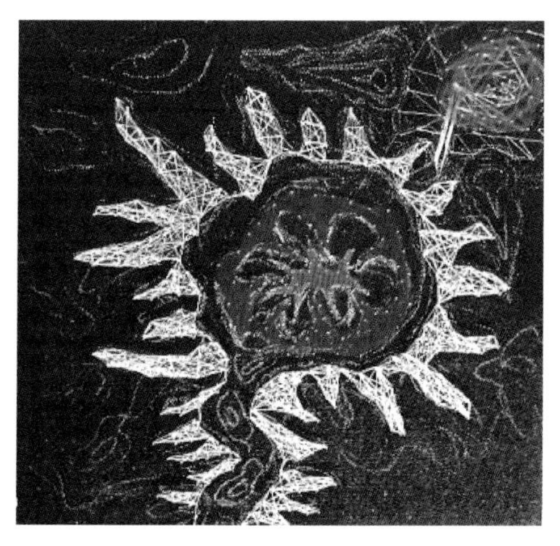

A 用不同颜色的丝光线绕大头针缠绕

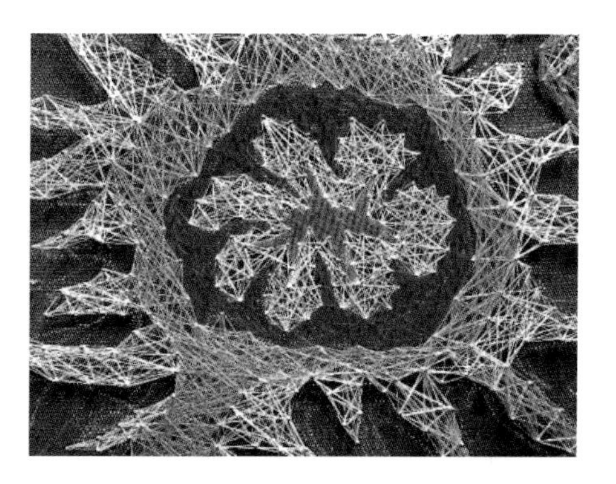

B 丝光线绕大头针缠绕要注意疏密关系

图 5－88 图案制作过程(2)

⑧最终完成效果如图 5－89 所示。

图 5－89 最终完成效果

实训拓展

多种材料的丝带绣作品

作业与思考

1. 丝带绣表现图案设计时，材料选择方面要注意什么？还有哪些创新“绣”手法能表现图案？

2. 用创意丝带绣手法在服饰品上表现图案（人物、动物、景物）。

要求：丝带绣手法和材料选择要有新意，作品成系列化设计。

规格：成品尺寸自定，丝带绣部分的面积不能过小，大约 10cm×10cm 左右。

第五节 针织及钩针编织工艺表现服饰图案的实践

一、什么是针织

针织是利用织针将纱线弯成线圈，然后将线圈相互串套而成为织物的一种纺织加工技术。针织物的图案分为具象图案和抽象图案两种。具象图案主要由提花组织和嵌花组织来实现的，如花卉、人物、动物、民族纹样等，其织物特点是图案清晰、形象逼真、色彩丰富多变，图案的选择和纱线色彩的搭配是形成花色图案效果的关键所在；抽象图案主要由提花组织、嵌花组织、绞花组织、移圈组织等形成的抽象几何图案，如菱形格、棋盘格、波尔卡圆点，以及通过正反针组合形成的方形格、三角形图案等，其织物特点是图案简洁、色彩丰富、立体感强。

二、织物编织前的准备工作及组织结构

（一）准备工作

（1）根据设计要求选择相应的组织结构，如提花组织、绞花组织、移圈组织等；

（2）确定纱线的种类及颜色，如单色纱、双色纱、多色纱及色彩的搭配；

（3）根据组织结构、纱线色彩等画好编织图、结构意匠图、花型意匠图等；

（4）选择相应的设备工具（需花卡织物按照意匠图要求进行花卡打孔）。

（二）组织结构

针织物中具有典型花色图案效果的组织有提花组织、挑花组织、绞花组织等。

1. 提花组织

提花组织分为单面提花组织和双面提花组织，在设计提花组织的图案时应充分考虑图案效果和工艺的可操作性。

①连续的图案多以单面提花组织编织，色彩通常采用两种：地纱和花纱。同色的花型不宜太大，因为编织太大花型形成的浮线过长，影响织物的美观和穿着牢度，易造成抽丝的现象。典型的花型有费尔岛花型、雪花纹样以及具象的波谱图案等，如需设计较大的花型则需进行特殊的工艺上的处理，如图 5－90 所示。

②双面提花组织对具体的花型没有过多要求，大小均可，双面均无浮线，浮线夹在双层中间，如图 5－91 所示。

图 5－90　单面提花组织(白色背有蓝色浮线、蓝色背面有白色浮线)

图 5－91　双面提花组织(正反面均无浮线)

2. 挑花组织

挑花组织是按照设计要求在地组织上，通过线圈移位形成大小不一的网眼效果。移圈组织形成的网眼，通过移圈位置的设计可以组合成花型图案，多与抽针组合使用形成镂空的图案效果，图 5－92 所示为挑花组织形成的图案效果。

3. 绞花组织

绞花组织是按照设计要求进行相邻线圈相互交替移位而成，绞花组织形成的麻花状外观是非常典型的针织图案，其工艺原理简单易操作，花型变化丰富，立体感强，如图5－93所示。

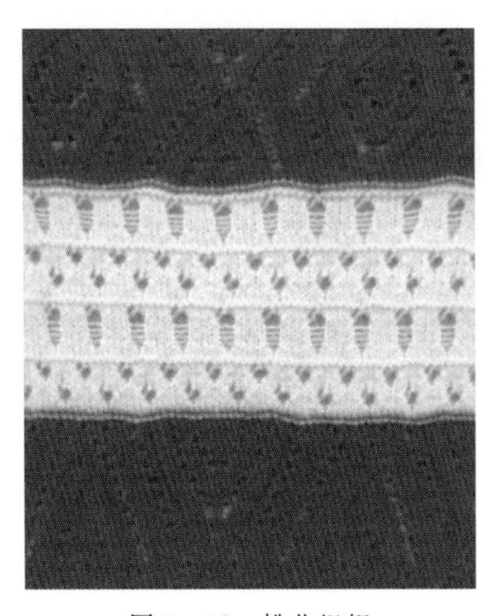

图 5－92　挑花组织

图 5－93　绞花组织

三、针织工艺表现图案的实践

针织的生产设备分为手动横机、半自动横机、电脑横机、手工编织四大类，生产设备不同，所要求的图案设计也各有区别。

【实例 1】提花组织表现图案的实践

①选择机器、工具及纱线材料，如图 5－94 所示。

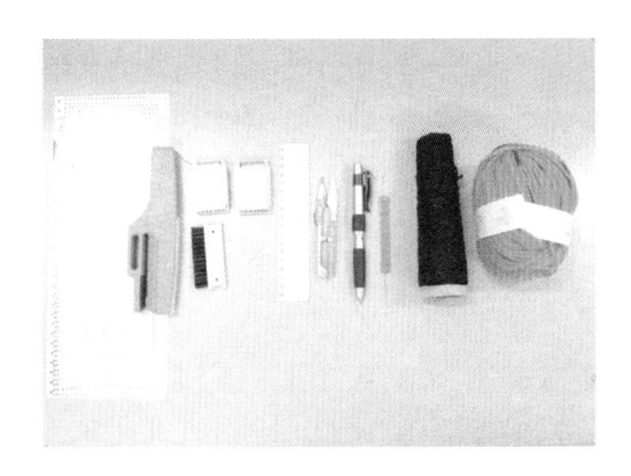

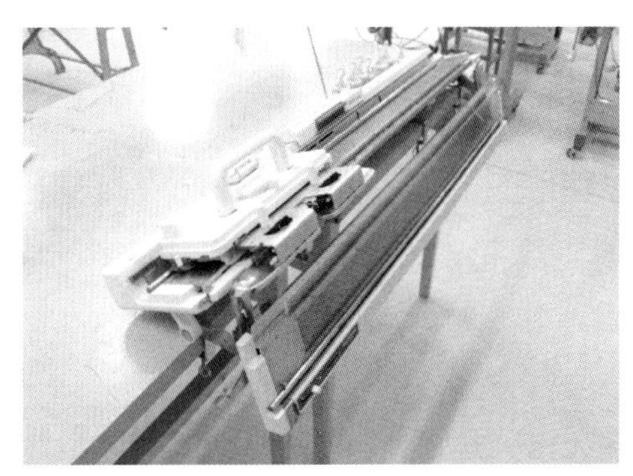

图 5－94 准备工具

②运用绘图软件画出提花组织图案的设计稿，运用照片、网络素材等进行变形和色彩归纳，在电脑上模拟图案效果，如图 5－95A 所示。

③根据图案设计画出花型意匠图，如图 5－95B 所示。

A 提花组织图案

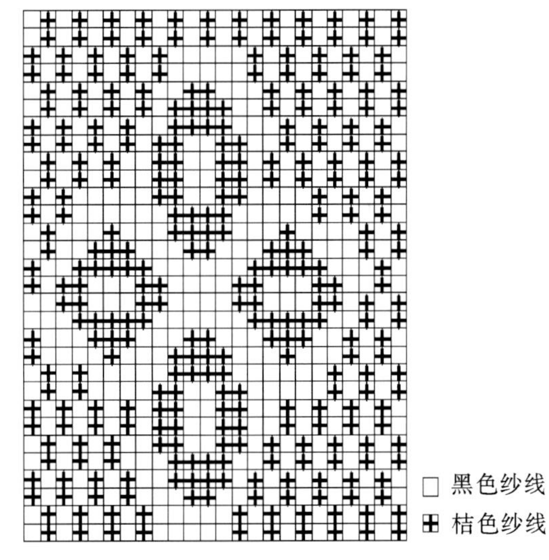

B 花型意匠图

图 5－95 图案及花型意匠图

④按照意匠图设计进行花卡打孔，完成花卡设计，图 5－96A 所示。

⑤装花卡进行编织，图 5－96B 所示。

⑥完成最终织物，图 5－96C 所示。

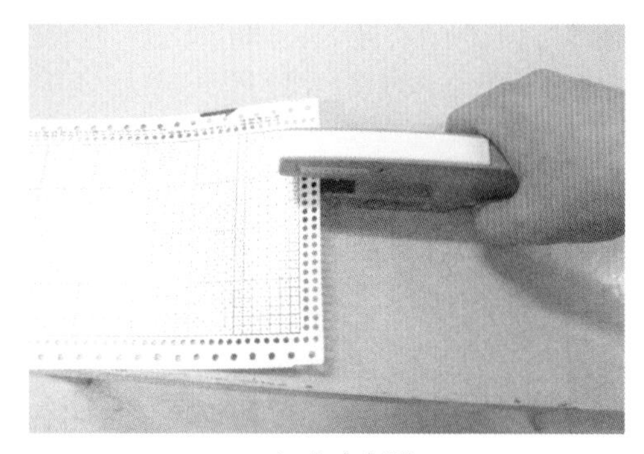

A 花卡打孔

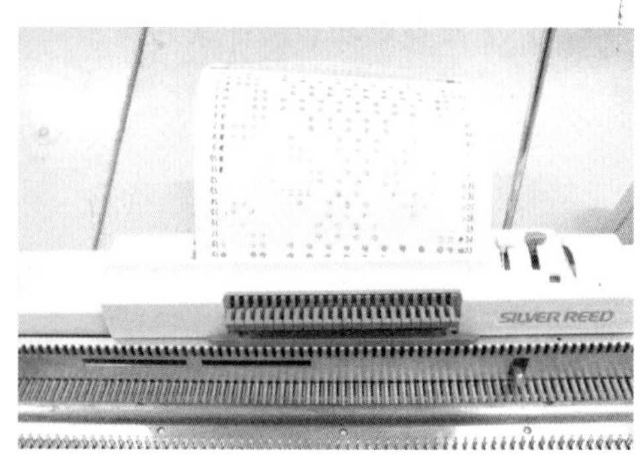

B 装花卡

C 完成最终织物

图 5 - 96 织物制作过程

提花组织图案在服装中的应用见图 5 - 97 所示。

图 5 - 97 提花组织图案在服装中的应用

【实例 2】绞花组织(手织)表现图案的实践

①工具采用棒针编织,纱线 48 支羊毛纱/27 股(编织前对纱线进行合股),如图 5-98 所示。

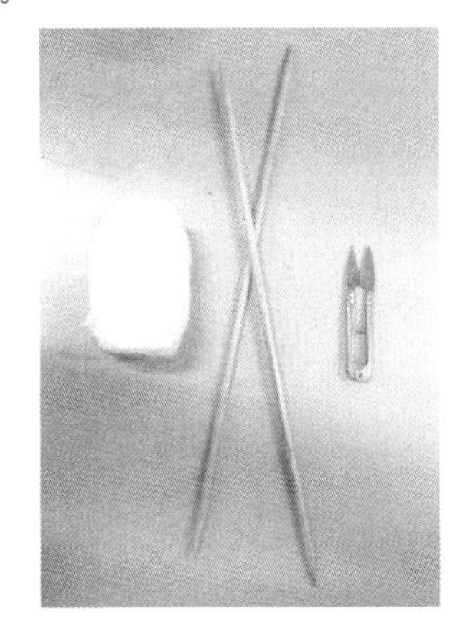

图 5-98 准备工具

②组织结构采用 3×3 绞花编织(左叠右编织)。

③基本技法步骤。

左叠右的绞花:即是左在上面,右在下面,要先织在上面的,即先织交叉后右边的 4、5、6,再织左边的 1、2、3,如图 5-99A 所示;编织时,要先把左面的跟右面对调(用麻花针对调,即是用麻花针将右面的穿起,放到后面,然后织左面的),如图 5-99B 所示。织好了再把在麻花针上的针眼,穿回左面的针上,然后编织,完成织物,如图 5-99C 所示。

图 5-100 是绞花组织在服饰图案中的应用。

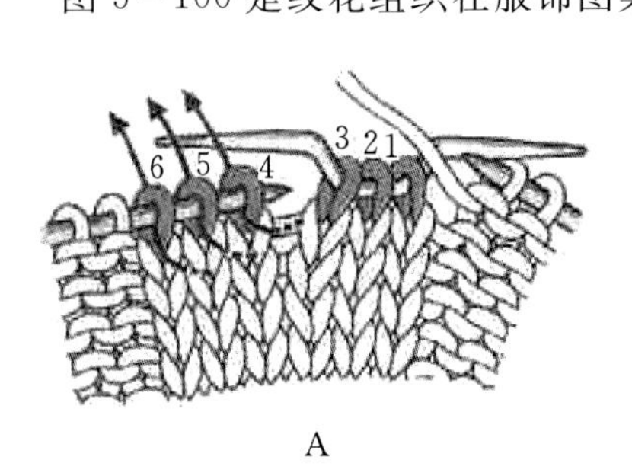

A

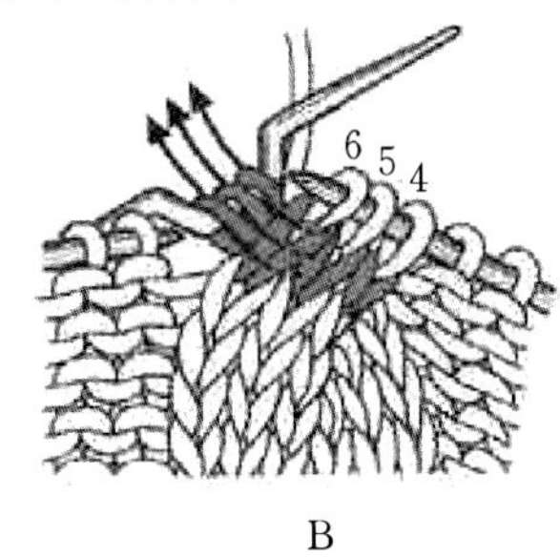

B

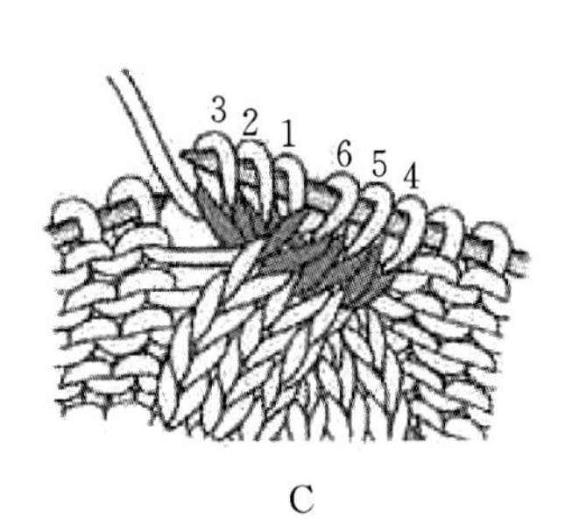

C

图 5-99 3×3 绞花编织基本技法

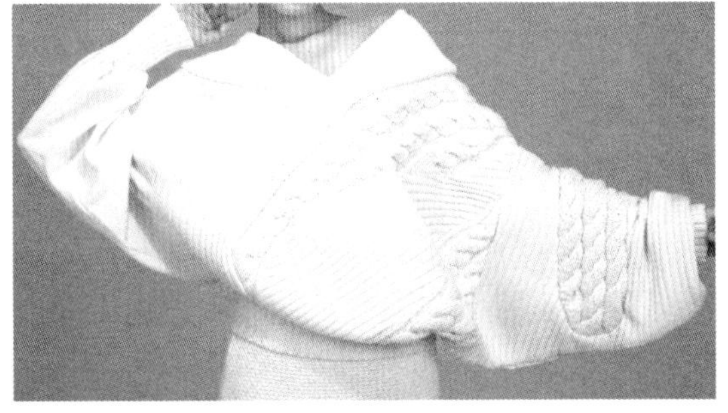

图 5-100(1) 绞花组织花型在服饰中的应用

图 5-100(2)　绞花组织花型在服饰中的应用

【实例 3】双层开口织物表现图案的实践

①选择纱线和机器设备(设备采用手动横机),如图 5-101 所示。

图 5-101　准备工具

②选择组织结构,绘制编织图(组织采用罗纹组织与双层纬平组织),如图 5-102A 所示。

双层卷边开口组织是运用双面纬平组织(袋状组织)及其卷边特性和罗纹组织复合形成的,可以根据开口的位置、针数、变换纱线形成丰富的图案效果。此组织在电脑横机上编织较为容易,在普通横机上则需要借助手工来完成翻针或退针的工作。

③按照编织图进行编织。

在罗纹组织基础上,将前针床上的 2～6 针移到后针床上(如图 5-102A 中第 2 行所示),再重新起针编织,这样在两个横列上轮流编织多次,结束时再前后针床一起编织罗纹组织,形成两边连接的开口双层效应。也可最后不进行双针床罗纹编织,而是将前针床的 2—6 针进行手工锁针,这样就会形成双向的卷边效应。这里需要注意的是纱线最好选择摩擦系数较大且不易脱散的羊毛纱线,易于操作。

④锁边,完成织物。

这种翻卷效果的设计不仅新颖别致,而且灵活多变,如图 5-102B 所示。强调的是在设计之前一定根据要求画好意匠图或编织图，特别是复杂花形，因为编织方法不同，每行锁针数、编织的循环行数不同，其花型也大不相同。

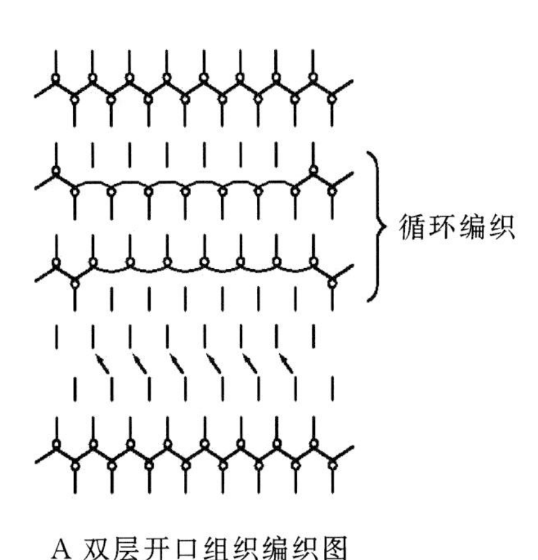

A 双层开口组织编织图

B 双层开口组织织物图

图 5－102 双层开口织物

四、什么是钩针编织

钩针编织简称钩织，指创造织物的一种方式，透过一支钩针可将一条线编织成一片织物，进而将织物组合成衣着或饰品等。钩针所编织的织物充满了无数个小环，透过钩子将线打活结，充做一环，接着将钩子从第一环穿入，钩头勾线，勾出另外一环，就能逐渐组成一排线串，最后一排会仅有一个活动环串在钩针上，新的一排可再返回勾在旧的一排上，于是线串上的环钩出无数排，就形成了一片钩针编织。钩针编织的灵活度较大，织物色彩绚丽、花型丰富，具有镂空的艺术效果。

五、钩针编织的准备工作及基本针法

（一）准备工作

(1)准备工具——钩针(根据需要选择适合织物的钩针型号)。

(2)选择适当的材料。

(3)设计钩针织物图案及色彩搭配。

(4)根据图案设计合适的针法组合。

（二）基本针法

钩针编织的基本针法主要有辫子针、短针、中长针、长针等。

辫子针：先在线的一端打个活结，套在针上，再伸针尖钩住线从箭头方向钩出，反复即可成辫子。

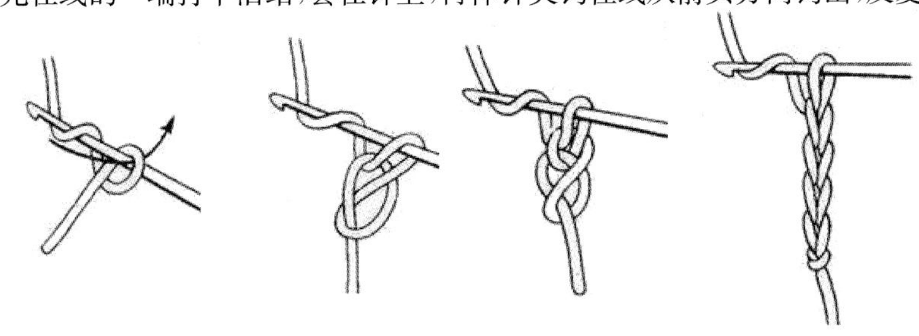

图 5－103 辫子针针法

短针:将钩针插入前一行的辫子孔内,钩出线拉出一针,再两针并一针。

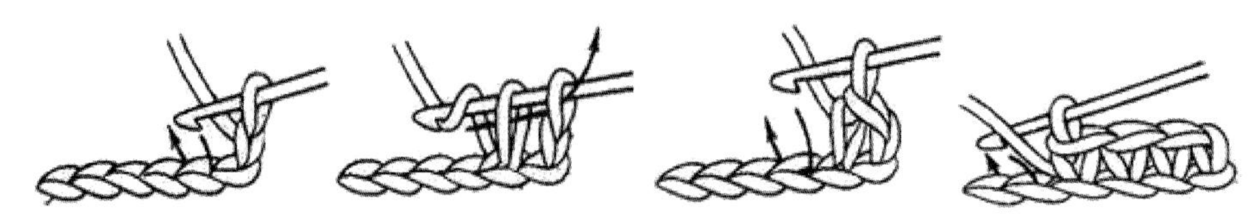

图 5-104 短针针法

中长针:现在钩针上绕一圈线,再把钩针插入前一行第四辫孔内钩住线,沿箭头方向抽出针,三针并一针。

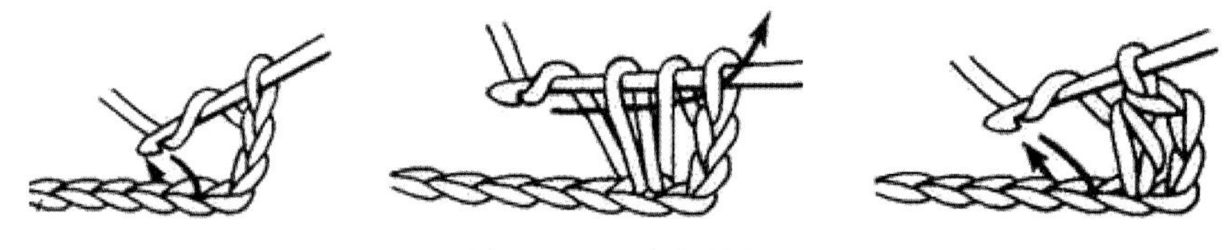

图 5-105 中长针针法

长针:先在钩针上绕一圈线,把钩针插入前一行的辫孔内钩住线,抽出一针两针并一针,再把剩下的两针并一针。

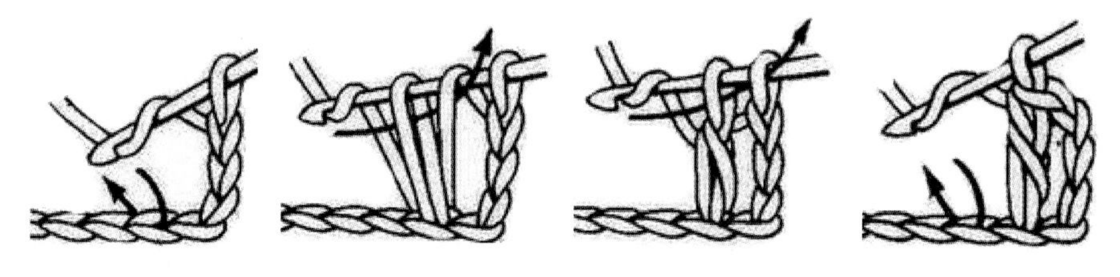

图 5-106 长针针法

六、钩针编织图案的实践

①准备工具材料:材料选择 212 羊毛纱线白色和黄色两种颜色,根据纱线的粗细选择适当号型的钩针,如图 5-107A 所示。

②绘制编织图(基本针法的组合设计),如图 5-107B 所示。

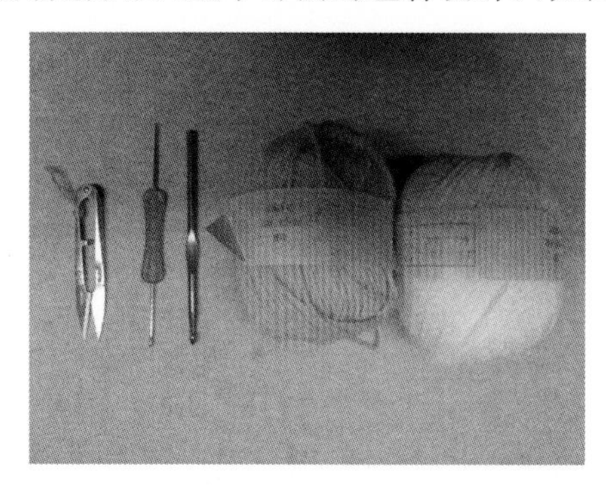

A 工具准备

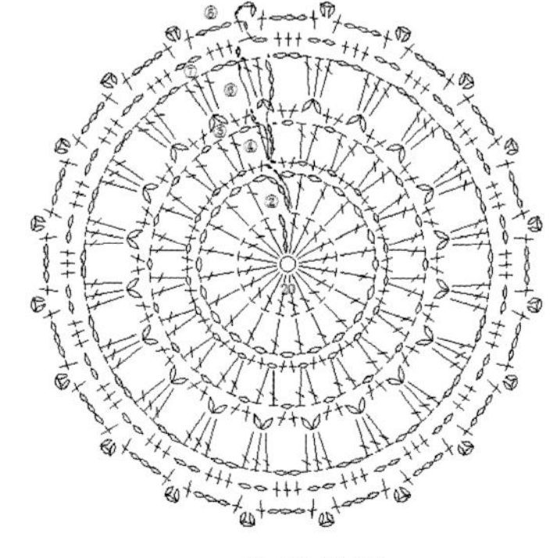

B 编织图

图 5-107 工具准备及编织图

③根据编织图的设计，开始起针。起针白色纱线采用辫子针针法 20 针，最后钩成一圈，如图5－108A所示。

④起针的最后一个线圈向外连续织三个小辫，然后编织长针一圈，完成起底，如图 5－108B所示。

⑤更换黄色纱线编织长针一周，注意每两个长针间增加 1 个线圈，如图5－108C所示。

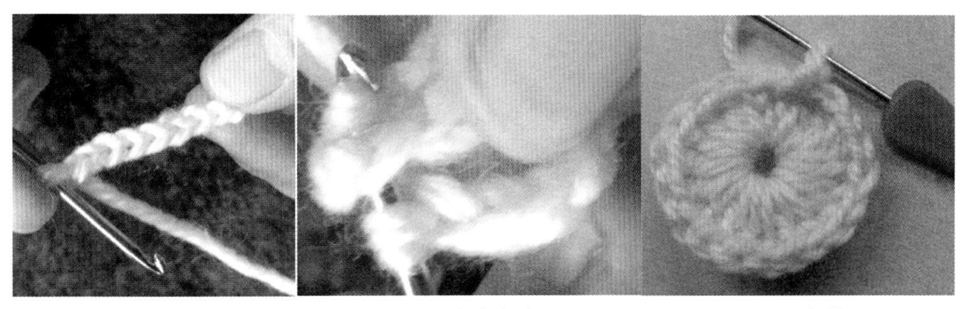

A 起针　　B 完成起底　　C 卡针

图 5－108　起针过程图

⑥更换白色纱线，钩织短针，同时每组（长针和线圈）再增加一个线圈……按照编织图钩完整个织物，如图 5－109 所示。

图 5－109　完成整个织物

注意：本织物主要由小辫、长针、短针组合而成，在编织过程中注意带入纱线的松紧度一定控制好，会影响织物的效果。在实际的设计中，可以采用基本针法自由组合设计，得到丰富多变的花型设计，应用到服饰品中。

钩针编积的应用如图 5－110 所示。

图 5－110　钩针编织的应用

实训拓展

作业与思考

1. 用针织工艺表现图案时应该注意发挥针织工艺的特点及优势，比如：针织工艺独有的肌理效果是否可以作为图案设计的创意点？

2. 探讨创意针织设计及表达图案的方法。

3. 研究用手工针织的方法设计及表达动物图案、人物图案、抽象图案等。

第六节 仿真奶油胶工艺表现服饰图案的实践

一、什么是仿真奶油胶

奶油胶是建筑装修材料中不可或缺的建筑辅料，为水性环保型特种白胶，无毒无臭，干固后，透明洁净有弹性，附着力强。仿真奶油胶是专门用来做各种装饰用品，胶质类似真奶油的一种胶。

二、使用方法

用油灰刀或其他工具将本品均匀批涂于需要粘贴的位置，再在其表面覆盖涂一道效果更好。还可加水稀释用于涂刷，但须在 24 小时内用完，以防变质。由于可以加颜料挑出丰富多彩的色彩，因此在服饰品制作中能做出色彩斑斓的装饰效果。

三、奶油胶工艺表现图案的实践

【实例】仿真奶油胶制作饰品（作者：张艾莹）

①工具准备：固体胶、强力胶水、剪刀、镊子、钳子、发卡发饰、金属套环、九字针、仿真奶油胶、裱花带、奶油花嘴、缎带、小绒球，塑料环（用来做装饰项链）、各种花型饰物等，如图 5－111 所示。

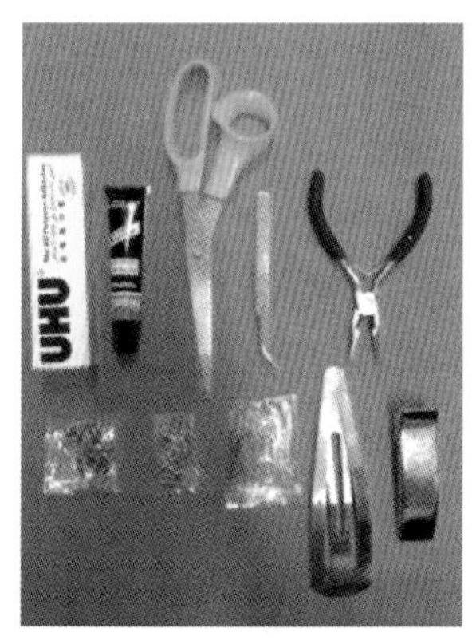

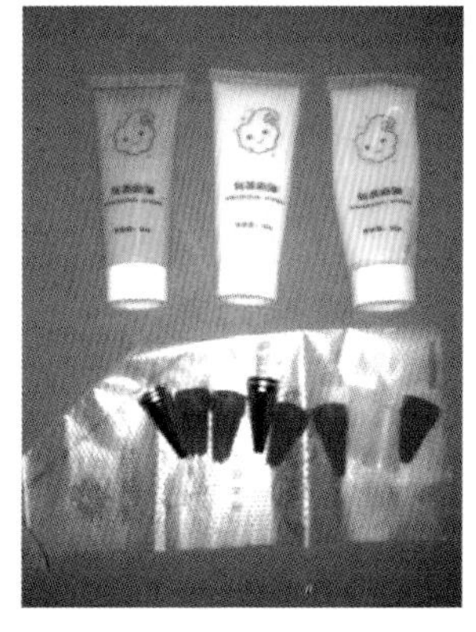

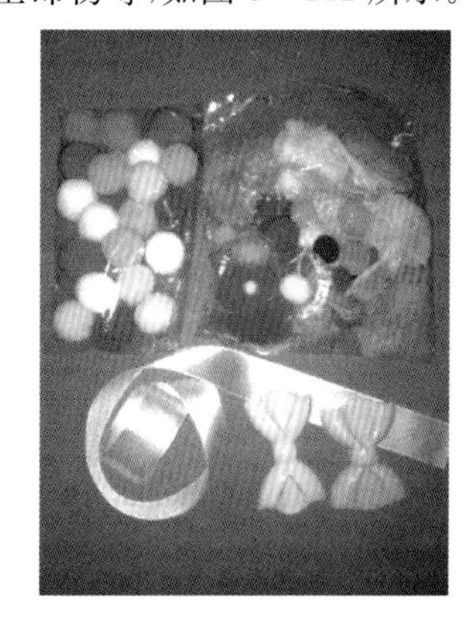

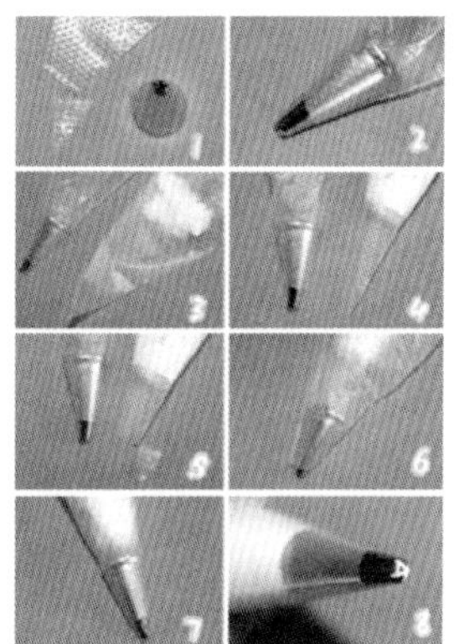

图 5－111 准备工具

②将奶油胶挤入裱花袋，安上合适的奶油花嘴，快速地将仿真奶油胶挤在发卡上，然后把装饰小马放在奶油胶上固定，如图 5－112A 所示。

③依次把选好的饰品迅速按在奶油胶上固定住，如图 5－112B 所示。等待奶油胶晾干，晾干需 3 个小时以上，时间越久固定越结实。继续挤入奶油胶，固定其他饰品。一定要保证奶油胶的粘合度，稳稳地粘上饰品，粘好后，用力按住，防止掉落。粘一部分干透后，才可继续制作下一步。

A 仿真奶油胶挤在发卡上

B 粘一部分干透后，才可继续制作下一步

图 5－112　奶油胶固定装饰物

④挤在发卡上的奶油胶没有干透时，用镊子小心的粘好物品，如图 5－113 所示。

图 5－113　用镊子小心地粘好物品

⑤进一步装饰完善发卡，在主体物宝丽小马身上粘钻，加强效果，如图 5－114A。使用胶水粘钻时要注意胶水不要过多，避免胶水痕迹外漏，也要注意钻的颜色和主体饰物颜色的搭配，如图 5－114B 所示。

A 主体物宝丽小马身上粘钻

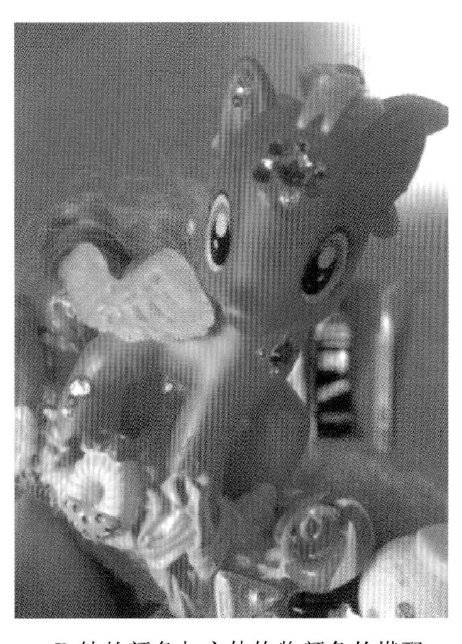

B 钻的颜色扣主体饰物颜色的搭配

图 5-114 装饰主体物

⑥发卡的制作方法和发带的制作方法基本一致，只是发卡表面相比较滑，所以涂抹奶油胶时要更多一些，安放装饰物时要更稳一些，这样就不容易滑落。放置装饰物时速度要快，晾干时间与之前介绍的一样。值得一提的是制作时边做边调整饰物整体搭配的美观度，如图 5-115所示。

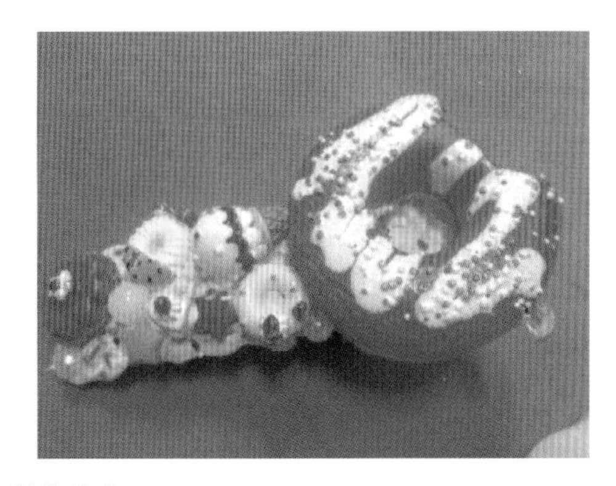

图 5-115 制作发卡

⑦用准备好的塑料套扣连接扣成项链，将两个缺口相对，就可以套在一起。注意相互之间的颜色搭配和套环大小的组合，如图 5-116 所示。

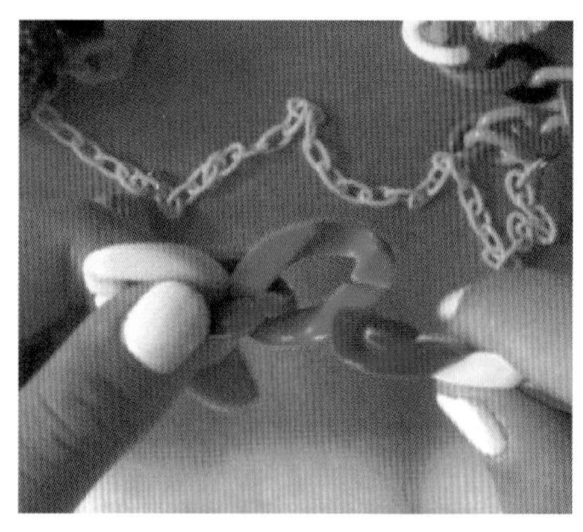

图 5-116　准备好的塑料套扣

⑧准备好九字针和小绒球，如图 5-117A 所示。用九字针穿过小球，如图 5-117B 所示。用钳子掰弯底部形成封闭的圆圈，如图 5-117C 所示。

A 准备好九字针和小绒球

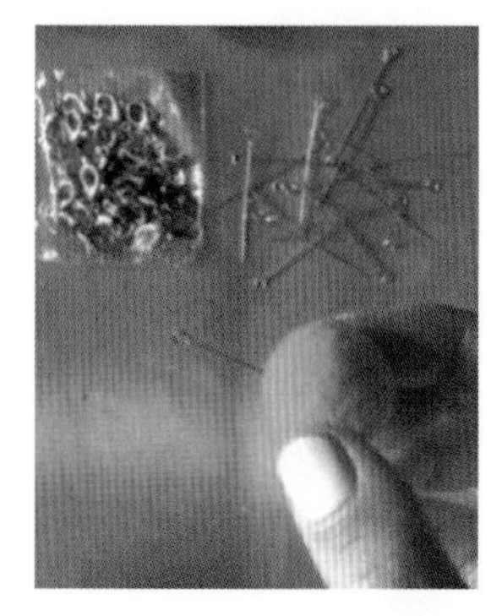

B 用九字针穿过小球

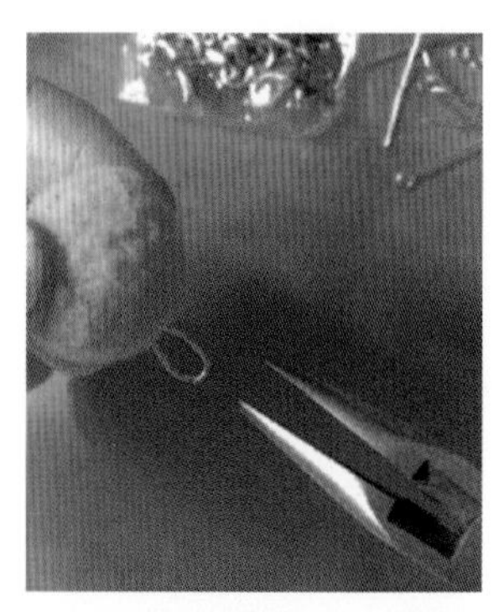

C 用钳子掰弯底部形成封闭的圆圈

图 5-117　做装饰链

⑨用单环将绒球和塑料项链连接在一起，再用连接的套环把毛绒球挂在塑料扣上，再把装饰物一一挂上，整个过如图 5-118 所示。

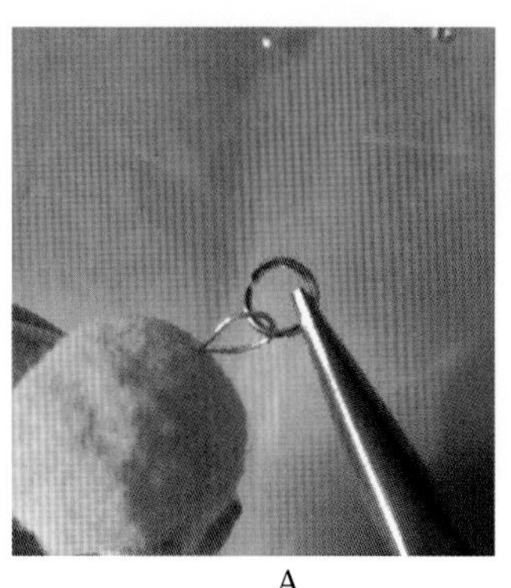

A

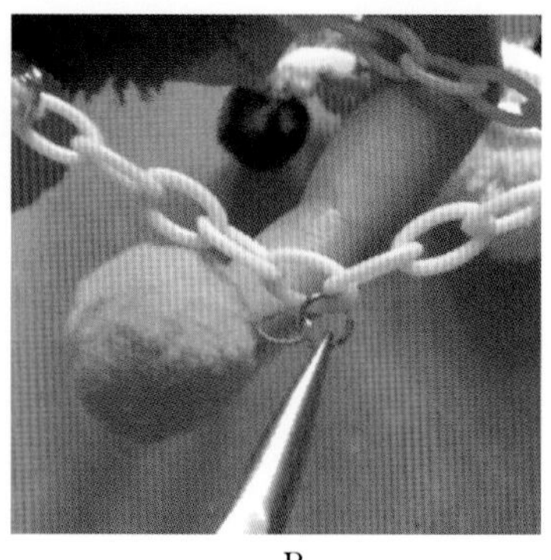

B

C

图 5-118　挂装饰物

⑩最终完成效果如图 5－119 所示。

图 5－119 最终完成效果

作业与思考

1. 用仿真奶油胶在其他服饰品上做图案设计及实践。
2. 用仿真奶油胶是否可以尝试混色设计?
3. 仿真奶油胶工艺适合做什么样的图案设计? 这种材料还能与什么材料进行混搭设计?

第六章 服饰图案作品赏析

FUSHITUANZUOPINSHANGXI

服饰图案的实践意义不仅在于它的物化功能，其文化价值及社会审美价值等方面也意义重大，它凸显人们心灵深处的文化审美意趣。设计师赋予了服饰文化超越实用的精神和审美内质，其中图案起到了不可忽视的作用。图美化了衣装，有了图案的衣服便具有超越实用功能的美丽。多彩的服饰文化中，正是服饰图案凸显了这种文化间的差异，将风格各异的艺术个性表现得明丽和充满活力。服饰图案作为服装的一部分使服装产生清晰的层次和格调变化。随着时代的发展和科技的进步，服饰图案也在不断地发展变化，呈现出多样化的趋势，尽管图案资料和图案素材数量巨大，但只从视觉效果选择图案是不能完成优良设计任务的。

运用新创意、新形式、新材料制作的服饰图案效果也不同，多种工艺手法制作的服饰图案风格迥异，造型奇特，符合各式各样的服饰设计的需要。其构成形式随着应用对象的不同而随之变化，比如在做鞋子的图案设计时要符合鞋子外部形状、材质、功能等特点，同时又要使作品主题突出，符合整体设计风格的需要。同样，在其他品类的服饰图案设计时也要注意图案与作品的紧密结合。比如手绘方法制作服饰图案就是用颜料在衣服、帽子、鞋子、包等东西上面画上优美或者优雅的图案。这种服饰一般采用白底的原材料和对人体无害的颜料，水洗不掉色。独特新颖，富有创意和品位。串珠绣工艺材质光泽闪亮，造型多变，可以根据需要做出丰富的图案造型，制作出来的作品有半立体效果，整体风格优雅华丽，适合在服装、饰品等上做装饰。拼布工艺可以拼接花布和素布，表现出来的色彩和花样还能够形成各种各样的图案，再将铺绵夹在表布和里布中间压缝，使图案、花样凸出来有半立体效果，在拼布基础上随意结合各种刺绣、编织、钩编等手工艺，可以做手提包、靠垫、挂毯、玩偶等各种各样的装饰品和物品。丝带绣的绣品呈立体状态，鲜花层次，跃然于布面之上。用手可直接触摸，绣品充分利用了丝带原有的华贵色泽，来表现出的鲜花等天然浪漫元素。

下面是运用多种工艺制作的服饰图案作品赏析。

第一节　手绘服饰图案赏析(学生作品)

手绘鞋子的制作过程中主要明确图案是做在鞋子上，首先要做好图案位置的设计，然后是图案内容的选择、图案色彩的设计、图案造型设计等，其中尤其是图案的造型设计是在明确图案位置后做独立式图案的适形设计，比如是在鞋跟处绘画图案就要符合鞋跟的整体形状，在鞋帮处绘画图案就要符合鞋帮的形状，以此类推；而鞋子图案色彩设计时可以采用“一鞋多色法”或者是“一色多鞋法”使鞋子的色彩设计灵活多样，最终在多次的实践中会产生精品。

第二节 多种工艺表现服饰图案赏析(学生作品)

多种工艺表现服饰图案的设计及制作的方法多样,不拘一格,尤其是多种工艺的混合使用往往能达到意想不到的效果。另外,多种材料的混搭设计在图案设计与制作中也起到不可忽视的作用。

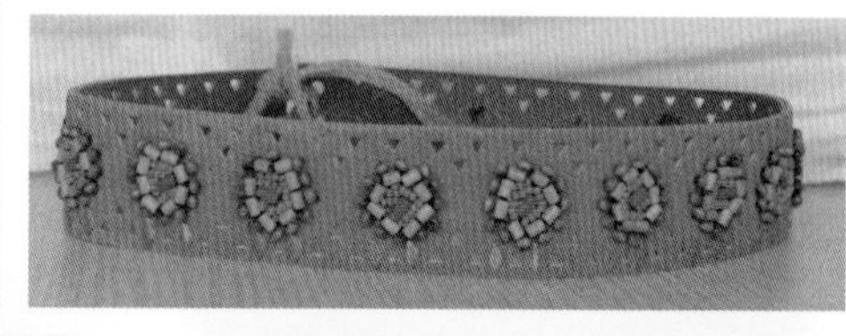

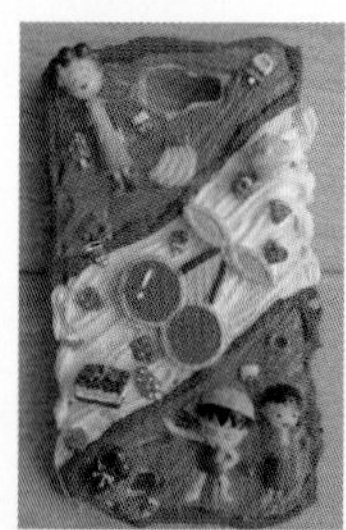

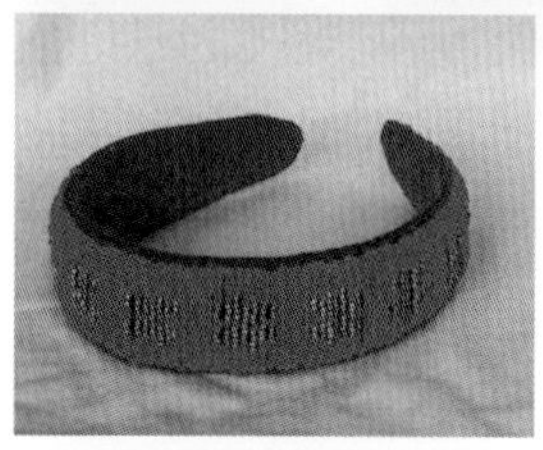

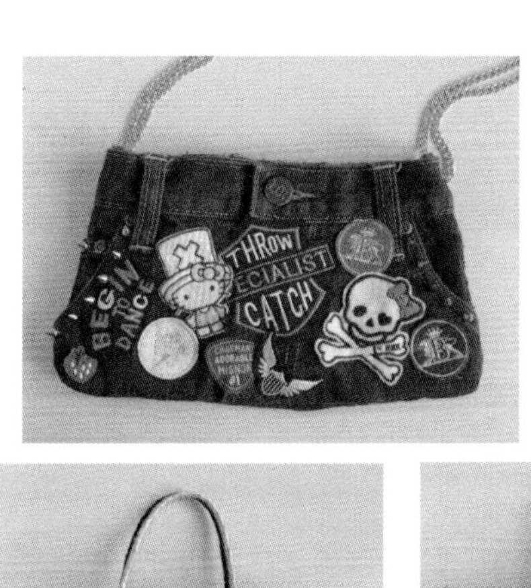
THROW
CATCH
BEGIN TO DANCE

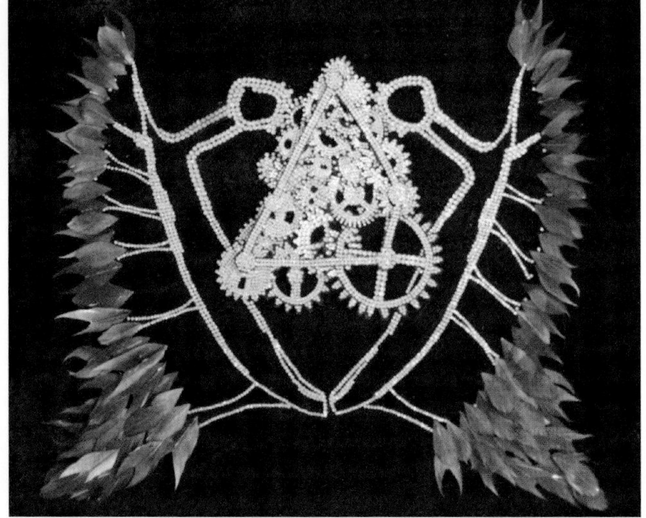

第三节　图案在服饰设计中的应用

第四节　点、线、面图案在服饰设计中的应用

第五节 独立式图案在服装设计中的应用

第六节　连续式图案在服饰设计中的应用(二方连续、四方连续)

第七节　群合式图案在服饰设计中的应用

第八节　几何形图案在服饰设计中的应用

第九节 多种工艺手法在服饰设计中的应用

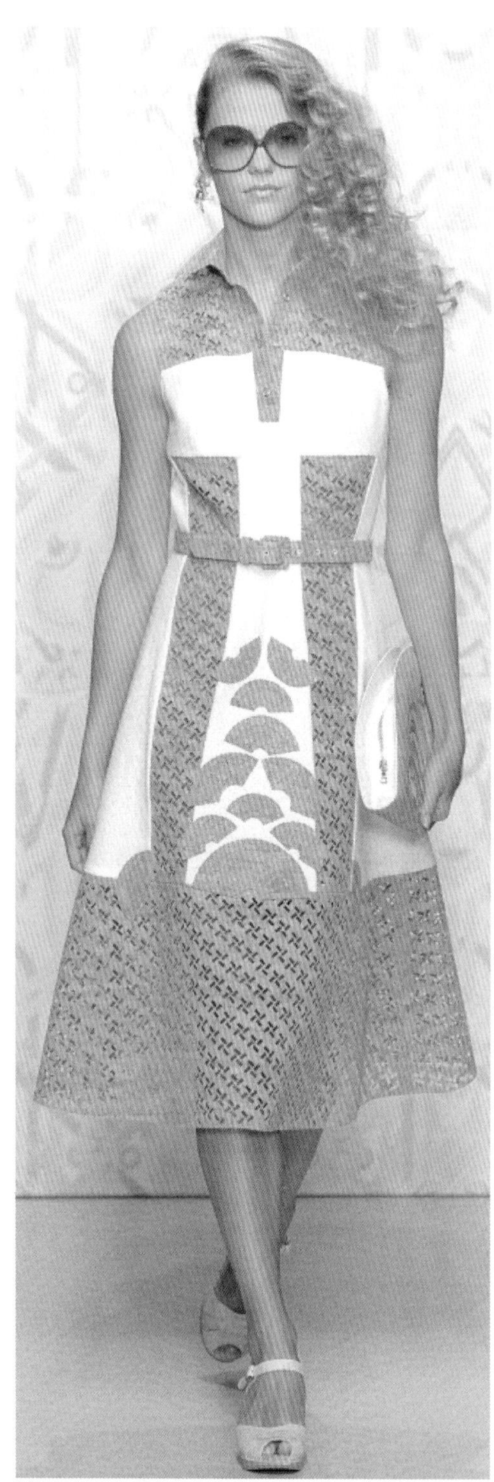

[1]孙世圃.服饰图案设计[M].北京:中国纺织出版社,2000.

[2]戚琳琳.古代佩饰[M].合肥:时代出版传媒股份有限公司黄山书社,2012.

[3]童芸.刺绣[M].合肥:时代出版传媒股份有限公司黄山书社,2012.

[4]小仓幸子.丝带绣基础运用[M].新北:枫书坊文化出版社,2009.

[5]Courcney Oavis. Celtic And Old Norse Designs [M]. Mineola New York: Dover Publications,Inc,2002.

[6]Marty Noble. Decorative Tile Designs Coloring Book[M]. Mineola New York: Dover Publications,Inc,2003.

[7]Color Your Own Great Flower Paintings[M]. Mineola New York: Dover Publications, Inc,2002.

[8]Madeleine Orban-Szontagh. Japanese Floral Patterns And Motifs[M]. Mineola New York: Dover publications,Inc,1993.

[9]Kathie Alexander and Harvey Rayner. Pattern and Palet Sourcebook[M]. Mineola New York: Dover publications,Inc,2010.

[10]vogue时尚网. http://www.vogue.com.cn/magazine/.

[11]百度图片网. http://image.baidu.com/.